世间万数

TOUTES LES
MATHÉMATIQUES
DU MONDE

Hervé LEHNING

〔法〕埃尔韦·莱宁　著

缪伶超　译

北京联合出版公司
Beijing United Publishing Co.,Ltd.　·后浪

图书在版编目（CIP）数据

世间万数 /（法）埃尔韦·莱宁著；缪伶超译 . --
北京：北京联合出版公司，2022.10
ISBN 978-7-5596-6437-2

Ⅰ . ①世… Ⅱ . ①埃… ②缪… Ⅲ . ①数学－普及读
物 Ⅳ . ① O1-49
中国版本图书馆 CIP 数据核字 (2022) 第 143872 号

世间万数

[法]埃尔韦·莱宁（Hervé Lehning）　著

缪伶超　译

出 品 人：赵红仕
出版监制：刘　凯　赵鑫玮
选题策划：联合低音
责任编辑：杭　玫
封面设计：奇文云海
内文排版：赵晓冉

关注联合低音

北京联合出版公司出版
（北京市西城区德外大街 83 号楼 9 层　　100088）
北京联合天畅文化传播公司发行
北京美图印务有限公司印刷　新华书店经销
字数 300 千字　880 毫米 × 1230 毫米　1/32　14.25 印张
2022 年 10 月第 1 版　2022 年 10 月第 1 次印刷
ISBN 978-7-5596-6437-2
定价：98.00 元

　　你知道吗？世界上的第一批数学家身上披着兽皮，把羚羊当作晚餐；土著们算着算术却不知道自己在搞数学；最早发明数学竞赛的不是杂志消暑增刊的编辑，它早在文艺复兴时期的意大利就已经流行开来；还有，有些定理是真的，但我们无法证明。

　　在这本书里你能找到以上所有奇闻趣事，而且不止于此。你还将开启一场时空旅行：到访古埃及，看看真正的斯芬克斯之谜；为无穷大和复数而激动不已；面对分形的永恒风景而叹为观止；或者被群论和千禧年大奖难题搞得晕头转向。

　　当然，这场在数学世界里的旅行并非一场休养生息的逍遥游，有时候你会觉得仿佛坐上了市集里的旋转木马。要小心你的脑子里翻江倒海！你得时刻系好安全带，才能一窥数学世界之美。但话说回来，越野跑训练或足球比赛不也需要付出努力吗？我可以向你保证：绝对划得来。哲学家阿兰·巴迪欧（Alain Badiou）在《数学颂》中将数学比作山中漫步："攀登远足的过程漫长而艰辛……你会汗流浃背，还会筋疲力尽，但到达山顶时，那种感受无与伦比。的确如此。"这个比喻在我看来恰如其分。

你可能会问，归根结底，我们为什么要对数学感兴趣呢？对于我们同时代的许多人来说，文化和数学几乎是一对反义词。在法国，没有一座博物馆是专门针对数学这一学科的（虽然至少有一个项目在塞德里克·维拉尼[1]的赞助下得以实施）。然而，与荷马史诗一样，柏拉图《美诺篇》里毕达哥拉斯定理（勾股定理）的证明过程，同样是人类文化遗产的重要组成部分。同样，与文艺复兴时期画家的技法秘密一样，理解行星为何会绕着椭圆轨道运动，也属于人类文明的伟大结晶。这样的例子数不胜数！

每年五月，在巴黎的圣叙尔皮斯广场上都会举办一个沙龙，其名字足以让路过的人大跌眼镜，因为里面的三个词似

---

[1] Cédric Villani（1973— ），法国数学家，2010 年菲尔兹奖得主。

乎不常一同出现——文化、数学和游戏。对有些人而言，把"游戏"和"数学"并排放在一起甚至有点受虐狂倾向，无疑是因为学校总是把数学作为挑选精英的主要工具。然而，当你成功进入数学世界后，常常能发现它趣味性的那一面，还能体会到攻克谜题所带来的巨大快乐。

您手中的这本书与沙龙的目标一致：让数学重新回到文化常识里。换句话说，这是一本关于数学的书，而不是一本数学书。从这个角度来看，它的独特之处在于，介绍数学的起源及其流变（一直到 18 世纪）；谈论当代数学家，如亚历山大·格罗滕迪克；还有证明数学一直活着……

数学的一大魅力在于，它是普世的。世界上只有一种数学文化。所有数学家都使用同一种语言。也不存在什么女人的数学——虽然女性数学家比男性数学家少，提升女性在科学研究中的人数是当务之急，但女性研究的数学和男性并无两样。数学是独一无二的，因此我们经常用单数（mathématique），而非复数（mathématiques）来指代它，尽管我在本书中选择了古老的复数用法。

为了展现数学的全貌，本书将分为四个部分。第一部分介绍数学的起源，探讨一些重大问题。第二部分介绍这些问题如何变得越来越抽象，如测量之类相对具体的目标最终如何导向由伽罗瓦[2]、庞加莱[3]或格罗滕迪克一步步创建的数学结构，第三部分聚焦数学的核心，即数学到底是什么。所以这一部分会带有相当浓厚的哲学色彩。最后一部分讲述数学如今无处不在，每个人都要和它打交道。

我尽量避免罗列公式。书中保留的一些公式都是为了证明其用途和在数学中的核心作用。然而，理解方程式的所有微妙之处并不等于能领悟概念背后的隐藏含义。本书力求清晰易懂，读者可以将它们视作单纯的插图。

欢迎来到数学的世界！

---

[2] Évariste Galois（1811—1832），法国数学家，现代数学中的分支学科群论的创立者。

[3] Jules Henri Poincaré（1854—1912），法国数学家、天体力学家、数学物理学家、科学哲学家。

目录

前言

第一部分

数学的起源

　　数学是什么时候发明的？这个学科的起点可以追溯到何时？很难给出答案，因为人并不是世界上唯一一种会数数的动物。所有动物都有一种与生俱来的感觉，能够估计数量。蜜蜂能辨别出包含一到四个符号的图片。大名鼎鼎的鹦鹉亚历克斯（Alex）学会了从 1 数到 8。至少在实验室里，黑猩猩懂得如何计算巧克力块的总和，甚至会用阿拉伯数字之类的符号做加法。

　　动物们这些了不起的事迹告诉我们，数字先于人类而存在。数学家利奥波德·克罗内克（Leopold Kronecker，1823—1891）总结道："上帝创造了整数，其余都是人的工作。"不可否认，在人类历史上肯定曾有那么一刻，有人不再满足于仅仅在拔营搬家前点点孩子有没有少，或者将打猎所得的驯鹿后腿平分给大家。他的眼睛里突然灵光一闪，意识到数字可以派上许多其他的用处，比如保证部落之间的交易，或者画定地界。根据考古学的发现，这样的灵感迸发大约发生在几千年前。

　　数学似乎诞生于一个具体的考虑，即计数。有时候，数学经过乔装打扮，就像有些土著制定的传统规则能避免近亲繁殖一样，下文中我们将看到这个例子。在埃及人和美索不达米亚人遇到的测量问题上，就能看到这样实用的一面。如何在尼罗河或幼发拉底河涨潮后找回自己的田地？怎样根据农民持有的田产面积来计算应该缴多少税？这些具体而又平常的问题就是几何学的起源，从词源学来说，几何学的原意就是测量地球。

数学的起源虽然与农民和土地紧密相关，但是它迅速演化，变成了只有思想才能企及的抽象问题，比如测量地球的半径或如何辨清麦加在什么方向。数字也披上了一层魔幻的色彩，引发了一些有趣的概念，如完全数，它的名称由来恐怕也不无故事[1]。

让这趟时空之旅先从斯威士兰[2]的莱邦博山启程吧，那里的山丘坡度和缓、绿草如茵。从一个小山洞里出土了一根狒狒的骨头，上面发现了一些奇怪的痕迹……

---

[1] 法语中完全数 nombre parfait，原意为"完美的数"。

[2] Swaziland，位于非洲南部的内陆国家，北、西、南三面为南非环抱，东与莫桑比克为邻。

I

史前和古代的起源

　　人类产生数学思维的迹象最早可以追溯到非洲。那是一些距今数万年的骨头，上面刻有累累痕迹。在狩猎和有限的营地活动，如制作衣服或采集食物的空当里，我们的智人祖先有时候会在骨头上划一些平行的线条。他们是在给什么计数？打到的猎物？过去的日子？我们不得而知，也没有任何证据能证明他们使用这些记号是为了计数。

　　不管怎么说，这些遗迹中已知最古老的例子源自公元前3.5万年。那是一根狒狒的骨头，上面有29道刻痕，于20世纪70年代在位于非洲南部斯威士兰的莱邦博山里发现。这些记号每一条都彼此平行，有一个经过深思熟虑的意志引领着某个人的手刻下这些记号。而且一共有 29 条……有些人认为这些刻痕代表月历。也许当时的人试图计算一次朔望月的时间？

▼ 伊尚戈骨

但是最受到瞩目的骨头还是在现刚果民主共和国的伊尚戈出土的一个工具的手柄。在大约 2 万年前，人类在上面刻画了十几条彼此平行、间隔规律的凹槽，立刻让人想到是代表数字。

20 世纪 50 年代这根骨头重见天日时，对这些记号的来源就众说纷纭，掀起了激烈的论战。尤其是，刻痕为何分为不同数字系列的三组（11 道，然后是 21 道、19 道……）一直是一个谜团。有人提出假设，不规则的分组可能说明，刻线的人不像我们一样十个十个计数，而是使用一种更复杂的计数法（就像尼日利亚高原的雅斯瓜人把 13 写成 12+1）。直到今天，科学家还在期刊或研讨会上争论不休，想要厘清伊尚戈骨头手柄上镌刻的记号到底该作何解释——尽管所有人都一致同意，这些符号展示了一种计数的能力。

▼ 交易凭证

再来看一个离我们更近一点的、用来计算动物数量的黏土钱袋，我们对它更加胸有成竹。它可以追溯到公元前 1500 年，在美索不达米亚的努济遗址考古发掘中出土，该钱袋上面盖有两个印章，经辨认其中一个代表牧羊人，另一个代表家畜群的所有者。朝外的那面上用楔形文字刻写着家畜群由 49 只动物组成。

钱袋被发现时，里面正好有 49 个小石块。我们很容易想到它起到收条的作用：小石块代表交托给牧羊人的羊的数量。回到村子里后，羊群的主人敲碎黏土做的钱袋，就能验证数目能否对得上。

尽管这个体系很精巧，随着时间变化，黏土钱袋还是被另一种交易凭证所取代：计数棒。虽然名为计数棒，但实际上是一块用木头或黏土制成的板，买家和卖家在上面用小刀刻下凹槽，记录购买了多少匹布或多少瓮酒。随后，木板或泥板被纵向切割成两份，双方各执一块。这是一种极为巧妙的手段，确保顾客和商家在交货和债务上不会出错。

这类交易在我们的语汇中也留下了痕迹。留在商家那里的那一半小板叫作筹码（taille[1]），而顾客手里的叫作复核筹码（contre-taille）或样品。在旧制度[2]时，税务机关还用计数

---

[1] 法语中 taille 原意为"削、凿"，也表示"人头税"。
[2] 指法国 1789 年前的王朝。

棒来表示应缴的税额，这个古老的税目（人头税）因此而得名。由于这项税目常常被认为毫无根据、欠缺公正，所以就出现了一个短语"敲骨吸髓"。

▼ 十和百的发明

用刻痕来表示羊或布匹的数量的确很方便，但如果有数十成百的东西要计数，那就要动动脑子了。原本人们是用刻痕将一个数字化作一连串直线，很自然就演化出了一个利于表述大数字的系统。最古老的大数字系统是埃及人和巴比伦人发明的，分别产生于公元前 4000 年和公元前 3000 年。和我们现在使用的方法相似，埃及人使用的是十进制，也就是说他们把不管什么数字都分组，十个一组、百个一组、千个一组……哦，对不起！说错了！是分成木棒、马蹄铁、纸莎草卷、莲花、指着星星的手指、蝌蚪和神（相当于 100 万）：

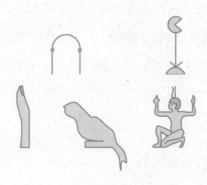

为了方便认读，埃及人没有把以上单位排在同一水平线上，而是分成两三行：

用古埃及象形文字书写的2537

这里使用的纯加法，也就是说最终的数字是所有组成部分的和，与我们现在使用的系统不同。这样一来，人们就可以随心所欲地排列符号的顺序。举个例子，24有两种写法：

用两种写法表示的24

它还有一个特点：表示单位或其他符号的木棒，每行不会超过4个。剩下的木棒写在下面一行。所以，数字1到9是这样写的：

▼ 骰子已被掷下 [3]

"骰子已被掷下!"恺撒率领大军渡过卢比孔河时曾发出这样的宣言。如果他在命运攸关的那天真的掷了骰子,那么他十有八九会放弃进攻,因为罗马数字系统可比埃及人发明的计算系统复杂得多(虽然前者比后者发明的时间晚)。古罗马人虽然使用十进制,但增加了一些"半单位":V代表 5,L 代表 50,D 代表 500。以此类推,155 写作 CLV(100+50+5)。

在古罗马历史上的稍晚些时候出现了另一条规则,那时人们决定同样的符号不会一起出现超过三次。这条规则与减法相结合后,数字 4 就变成了 IV。这可能是因为我们对数字的直观把握是有限的。我们的直觉能感受到数量小的事物,但如果数量超过 4 个,我们就不得不在脑海中把它们分组,每组最多 4 个,才能计数。罗马人对相同符号的数字加以限制,就帮我们的大脑省了力。

「3」 Alea jacta est,公元前 49 年 1 月 10 日,在反复权衡之后,凯撒带兵渡过了卢比孔河,对庞培和元老院宣战。在渡河前,凯撒说出了这句话。这个决定意味着他不胜就会身败名裂,因此"渡过卢比孔河"在英语中变成了一句谚语,意为"破釜沉舟"。

▼ 用手指数数

和埃及人与古罗马人一样,中国人也使用十进制的加法系统。 十进制系统在人类文明中的压倒性地位一点也不令人奇怪,因为我们都有十根指头——但是也有些文明没有忘记,我们其实一共有二十根指头,如果算上脚趾的话。 比如,在哥伦布登陆前的美洲,阿兹特克人和玛雅人发明了二十进制的加法系统。 凯尔特人也不遑多让,这就能解释在法语里八十写作"四个二十"[4],以及巴黎的"十五 - 二十医院"的得名由来:该医院可以接收 300 个病人,也就是 15 个 20。

虽然说十进制或二十进制似乎非常自然,但是第一个位值制计数法系统(即符号的顺序也很重要)是六十进制的!更惊人的是,直到今天我们仍在使用它来计算时间和角度!该系统于公元前 3000 年在巴比伦诞生,通过一些泥板流传至今。 为了力求绝对精确,巴比伦人使用了混合计数法:数字 1 到 59 用一个十进制的加法系统来表示。 一个钉子相当于一个单位,于是就有了下列数字 1 到 9:

---

[4] 法语中,数字八十写作 quatre-vingts,意为"四个二十"。

然后用尖头代表 10（从 10 到 50）：

我们在这里又看到了上文提及的每组最多四个元素的分组规则。举个例子，要书写数字 1637 和 5002，首先要以 60 为基础将其分解（1637=27×60+17 以及 5002=60×60+23×60+22），随后再转写成十进制的形式：

▼ 有魔力的数字

巴比伦人为什么违逆常识，使用六十进制呢？也许有朝一日会有文献出土，让真相大白。我们眼下只能做出假设。最有可能的原因是，这样的选择与天文观测密切相关，或者更确切地说，是从历法中得到了启发。一年是周而复始的，可以被视作一个圆。

从一个差不多 360 天的比喻之圆到一个真正的 360° 的圆，只有一步之遥。再说，月亮在一年中有 12 次阴晴圆缺，巴比伦人有可能选择了兼顾十进制和十二进制的折中方案，自然而然就催生出 10 和 12 的最小公倍数，即 60。而 360 也是 60 的倍数。如果抬头观天象，就会发现 60 是一个有魔力的数字。

把数字分解成 60 的乘积，在当时的数学语境下还有一个重要意义。因为巴比伦人对简单规则多角形尤其感兴趣：等边三角形、正方形、正五边形、正六边形。然而其中一些图形其实可以看作一个位于其一角的圆形的六分之一、四分之一和十分之三。如果我们想要让这些角都有整数值，那么圆周就必须是 6、4 和 10 的倍数，也就是最小为 60°。

如果我们希望所有这些图形的内角都是整数值，整个圆的圆周就必须是 360°。[5] 在这种情况下，等边三角形的内角为 60°，正方形的内角为 90°，正五边形的内角为 108°：

所以，几何学的基础——60° 角——在巴比伦人眼中具有至高无上的重要性。他们留给我们的这一古老遗产流传至今，

[5] 360 包含了最多的因数，从 2 到 10 的整数，除了 3 和 7 之外，都是 360 的因数。——编者注

我们仍然这样测量角的度数，如同我们测量时间时用分（1 小时 =60 分）和秒（1 分钟 =60 秒）一样。

▼ 有理数

除了斯芬克斯之谜以外，还有莱因德数学纸草书[6]："一个数字和它的七分之一相加等于 19，求问该数字为何？"这份纸草书诞生于大约公元前 1650 年，让我们有幸一窥古代埃及数学的发展。它收集了 84 个关于算术、集合和测量（面积测量）的问题及答案。这道编号为 24 的题目涉及分数。如果说整数是我们天生就能感知的，那么分数则不然，我们如今认为是数字的那些数——确切来说，就是有理数。

古埃及人为了表示分数，发明了一个基于单位分割的系统。在表示"嘴"的象形文字（同时也表示"部分"）下面写有数字，用来代表 1/2、1/3、1/4 等等。如 1/2 之类的常见分数和两个分子不为 1 的分数（2/3 和 3/4）都有各自的符号。至于其他分数，古埃及人遵守加法原则，将数个分数并置。举个例子，他们将 5/6 分解成 1/2+1/3：

---

[6] 古埃及第二中间期时代（约前 1650 年）由僧侣阿姆士在纸草上抄写的一部数学著作，与莫斯科纸草书齐名，是最具代表性的古埃及数学原始文献之一。

　　直到如今，我们还把所有分子为 1 的分数叫作"埃及分数"。任何一个有理数总能分解成分母不同、分子为 1 的分数的和。比如，3/7 可以写作 1/3+1/15+1/35：

　　埃及分数是数论研究的对象之一，数论是数学里的一个分支，研究整数之间看不见的联系。

▼ 神秘主义粉墨登场

　　分数的发明宣告，人类用数字描述世界的努力大功告成了。生活在 21 世纪的我们当然知道除了整数和分数之外还有其他数字（尤其是下文将会提到的无理数），但这一切还不为我们的祖先所知。在埃及人创造的第一批分数出现之后，大约公元前 500 年，毕达哥拉斯将其哲学建立在这种圆满之上，浓缩在了他那句名言"万物皆数"里！

借由这句宣言，毕达哥拉斯并不仅仅下了一个经验论的论断，也将神秘主义引入了数学的场域。看看他如何评价 1+2+3+4=10 的令人惊奇的性质，就颇能说明问题：

"1 是神，是万物之本原……2 是阴阳，是二元性……3 是世界的 3 个层次：地狱、人间和天堂……4 是四元素：水、气、土、火……最后，一切相加等于 10，是宇宙的全部，神明也包括在内！"

毕达哥拉斯认为这就是神圣三角。在顶端，有 1，下面是 2，然后是 3，最后是 4：

毕达哥拉斯及其弟子可不是唯一经不起诱惑、赋予数字以超自然含义的人，我们在后文还会看到其他的例子。

II

土著的秘密数学

在广袤的世界上，伟大的文明崛地而起，数学也应运而生。但是土著的惊人例子告诉我们，有些部落也许也发展出了数学文化。数学有时候会隐藏在我们意想不到的地方，特别是……社会规则中。由于土著要处理错综复杂的亲缘关系，所以，就像莫里哀笔下的茹尔丹先生[1]一样，澳大利亚的第一批居民也有可能是数学高手而不自知！

在西方人的想象中，还有什么比土著文化离数学更远的呢？土著的社会似乎与伊尚戈骨和莱邦博山狒狒骨头的时代无

[1] 法国剧作家莫里哀创作的喜剧《贵人迷》里的人物，他常常在无意中做了某件事却不自知。

缝衔接。克洛德·列维－斯特劳斯（Claude Lévi-Strauss）把土著称作"史前世界的精神贵族"。他们的文明绵延六万年，在18世纪西方人踏足澳大利亚前从来没有遇到过任何重大动荡。

土著的梦之时间

能让土著避免近亲繁殖的规则有很强的数学性，它属于一系列更宏大的故事：梦之时间。既有解释世界起源的神话，也有许许多多民间故事，让生存必需的智慧代代相传。这些故事并不是什么梦幻故事，相反却回答了一些很实际的问题：如何捕猎袋鼠？怎样躲开鳄鱼？要怎么做才能找到果腹、穿戴和洗涤所需要的植物？

梦之时间在当代土著艺术家的画作里也隐约可见，其面貌特异，几乎让人联想到现代数学。在土著文化中，一个艺术家不会随心所欲地选择要画什么，像在西方那样；而是围绕着一个主题，该主题直接取决于他出生时获得的"皮肤名字"。

在土著文化中，每个人在出生时都会被分配到一个"皮肤名字"。这个名字决定了他在社会里的位置、与他相关的那个故事（见《土著的梦之时间》），以及他可以寻找什么样的配偶。任何被土著部落接受的人，哪怕是西方人，也会分到一个"皮肤名字"。否则，他就无名无分，而且也无法联姻。分派"皮肤名字"符合一些规则，表面不然，其实极其复杂。

▼ Tj 指男人，N 指女人

规则因民族而异。举个例子，瓦尔皮利人生活在澳大利亚的红色中部，那里矗立着著名的艾尔斯岩石。瓦尔皮利人有八个"皮肤名字"：乌普鲁拉（uppurula）、阿帕甘第（apaganti）、安伽拉（angala）、阿帕尔提亚里（apaltjari）、阿帕南伽（apananga）、安皮提金帕（ampitjinpa）、翁古拉伊（ungurrayi）和阿卡马拉（akamarra）。男人的名字前加上 Tj，女人的名字前加上 N，兄弟姐妹也是如此。所以一个努普鲁拉（Nuppurula）的兄弟叫提乌普鲁拉（Tjuppurula）。

土著必须根据其皮肤名字来选择配偶。知道谁是潜在丈夫的规则比知道谁是兄弟的规则更复杂，但规则不容置辩。如果一对夫妇有孩子，那么这些孩子的名字也已经预先决定好了。后面这张表总结了一般规律：

妻子	Nuppurula 努普鲁拉	Napaganti 纳帕甘第	Nangala 南伽拉	Napaltjari 纳帕尔提亚里
丈夫	Tjapananga 提阿帕南伽	Tjampitjinpa 提安皮提金帕	Tjungurrayi 提翁古拉伊	Tjakamarra 提阿卡马拉
孩子	apaganti 阿帕甘第	angala 安伽拉	apaltjari 阿帕尔提亚里	uppurula 乌普鲁拉
妻子	Napananga 纳帕南伽	Nakamarra 纳卡马拉	Nungurrayi 努翁古拉伊	Nampitjinpa 南皮提金帕
丈夫	Tjuppurula 提乌普鲁拉	Tjapaltjari 提阿帕尔提亚里	Tjangala 提安伽拉	Tjapangati 提阿帕甘第
孩子	akamarra 阿卡马拉	ungurrayi 翁古拉伊	ampitjinpa 安皮提金帕	apananga 阿帕南伽

表格的第二列告诉我们，一个努普鲁拉女人（第一行）必须嫁给一个提阿帕南伽（第二行）。他们的孩子将得名阿帕甘第（第三行），也就是说如果孩子是女儿，就叫纳帕甘第（N-阿帕甘第），如果是儿子，就叫提阿帕甘第（Tj-阿帕甘第）。他们的女儿既然叫纳帕甘第，就只能嫁给名叫提安皮提金帕的男人，以此类推。

▼ 启示

这套皮肤姓名的分配规则看上去晦涩难懂、武断专制，而且也实在太难记了！万万没想到，数学家找出了其中的奥秘所在。为了厘清这些名字的关系，让我们放弃表格，改用两个同心圆来表示（说起来，这个图形有点像土著在庆典晚会跳舞时画出的圆圈）：

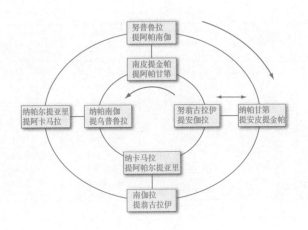

现在，我们准许他们移动位置。从一个母亲到她一代一代的女儿们，女人的皮肤姓名有两种传递方式：在外圈顺时针，在内圈逆时针。同时，从父亲到他一代一代的儿子们，男人的皮肤姓名在两圈毗邻的位置间移动。

遵循这一程序，我们看到一个努普鲁拉（最上面的方框）的女儿都是纳帕甘第（顺时针走过四分之一圈后的右侧方框），而她们的儿子都是提阿帕甘第（她下面的方框，所以在内圈里）。"轮舞"继续，代代相传，就可以避免让同一对夫妇生下的女儿和儿子结合。一项更深入的数学分析证实，这样的联姻只可能在三代以后发生，而且发生概率也微乎其微。总而言之，虽然从理论上来说非常怪异，但这些规则真的能帮助土著免去近亲繁殖的危险，即使没有户籍身份登记系统也没关系！

▼ 土著到底是不是数学家？

这套系统非常精巧，成功避免了由近亲联姻带来的疾病风险，那么这是土著精心筹划的结果吗？他们真的是令人生畏的数学家吗？虽然他们确实从两个同心圆出发想出了皮肤名字的分配系统，而且对我们来说，这类思考与数学息息相关，但由于他们生活的社会里没有任何其他与数学思维相关的表现，所以还是有可能只是巧合。就此论断说他们拥有数学文化还是未免太牵强了。

在 20 世纪 40 年代，当克洛德·列维－斯特劳斯在写作未来的奠基之作《亲属关系的基本结构》时，遇到了这些在不少土著部落里掌控联姻的规则。他觉得这些规则模糊不清、错综复杂，所以求助于数学家安德烈·韦伊（我们在后文讲到布尔巴基现象时还会提及他）来解决该问题。韦伊从皮肤名字系统里发现了一个群的结构（一个元素的集合，它具备一个能作用于这些元素的运算，我们稍后还会谈及），这是一种非常有趣的想法，但是绝对不能证明土著就是这样看待该系统的。不过且慢，让我们小心西方人看待所谓"原始人"时一贯带有的傲慢眼光：土著未必就头脑简单，但他们恐怕并不具备数学思维。这种看待问题的方式更多是西方文化的一种反映。

Ⅲ

魔法和数学

丹·布朗往《达·芬奇密码》里塞了不少"黄金分割"的影射，巴塞罗那的圣家堂有一面展示幻方的墙……在当代文化里，数学跨界秘传学的例子数不胜数。2500年前，毕达哥拉斯宣称"万物皆数"（见《史前和古代的起源》一章）时，就已经向神秘主义伸出了橄榄枝。这可能让最理性的读者难以接受，但是法术和巫术的确是数学历史的一部分，甚至对数学的进步起到了推波助澜的作用！

从毕达哥拉斯的时代以来，许多神秘信仰都与数学脱不了干系。最简单的例子就是，数字13会带来好运……或招致厄运，因人而异。乃至今日，哪怕一群数学家聚餐，他们仍然尽量避免一桌有 13 个人。这一信念其实并非源自数学，是因为耶稣及其门徒在最后的晚餐时有 13 人就餐，与 13 的数学特性毫无关联。

大部分被视作神奇或神圣的数字也是同理，比如数字 7。至于号称可以通过加法预测未来的数字命理学或算术占卜，对于数学家来说，如同占星学之于天文学……即使有些数学家也是数理学家（就如同有些天文学家同时也是占星家），如今我们仍然很难想象一个数学家真的认真投身于此类伪科学中。

▼ 完全数的神性之美

由于与数学无关的原因，我们赋予数字 13 和 7 以超自然的力量。更惊人的是，一些数字因为其自身的缘故被另眼相看。其中最受瞩目的是完全数，早在公元前 3 世纪，欧几里得就在著作《几何原本》中谈及它。从定义上来看，完全数是这样的一类数：它所有的真因子（即除了自身以外的约数）的和，恰好等于它本身。举个例子，6 是完全数，因为它的真因子是 1、2 和 3，三者相加等于 6。欧几里得用来指称完全数的希腊术语如果直译过来，就是"什么都不缺的数字"。

这些数字的"完美"特性可以被当作一个数学上的奇特之处而留察待考，但是古代人可不会轻率待之。比如，在希波的奥古斯丁（Augustin d'Hippone，354—430）的著作《上帝之城》里，我们可以看到他用神秘主义的观点来解释这种完美：

> 所以，我们不应该说，数字 6 是完美的，因为上帝在 6 日内完成了所有的作品；恰恰相反，我们应该说，上帝在 6 日内完成所有的作品，是因为数字 6 是完美的；如果去掉这个世界，数字 6 仍然是完美的；但如果 6 不是完美的，那么复制同样关系的我们的世界，也就不再是完美的了。

新毕达哥拉斯派哲学家杰拉什的尼科马库斯（Nicomaque de Gérase，活跃于公元 1 世纪）是一位真正的数学家，因为他发现了第四个完全数，他在著作《算术导论》中也表达了相似的观点：

> 就像美与完美稀有得寥寥可数一样，完全数也不可多得，并且遵从一个相当适宜的顺序；在个位数里只有 6，在两位数里只有 28，在三位数里只有 496；第四个完全数出现在四位数里，接近 10000，为 8128。这些数字有一个共同点，都以 6 或 8 结尾，而且无一例外都是偶数。

就目前而言，杰拉什的尼科马库斯提及的最后一点（完全数都是偶数）仍是一个猜测。 还没有人成功证明不存在奇数完全数，虽然也没有人能找到任何一个反例。 同样，存在无穷的偶数完全数也是一个猜测。 前四个完全数自古代以来就已经确定：6、28、496 和 8128，而到现在为止，我们也只知道 49 个而已！最大的那几个完全数直到最近才被发现，达到几千万位。

▼ 幻方

时移世易，现在已经没有人会以为"完全数"代表的这些数具有与数学无关的完美特征了。 有趣的是，幻方的命运却截然相反。 幻方起源于古代的中国。 传说居住在洛河沿岸的农夫凭借聪明才智平息了神明的怒火，以下就是该传说流传甚广的一个版本：

为了让河神息怒，在每次洪水泛滥时，深受水患之苦的村民都会献祭，但往往徒劳无功。 然而，他们注意到，每次都有一只乌龟来到献祭之地，然后离开。 河神一直无动于衷，直到有一日，一个孩童发现在龟背上刻有奇怪的图案。 每一行、每一列、每一条对角线上的数字总和都是一样的。 于是，村民明白了，河神要求献祭十五次，水患乃除……

这幅图从此以后就被叫作"洛书"，即"洛河之书"。后来，它被改头换面后传到了中东，随后又辗转到了希腊，为毕达哥拉斯所知。它一直被用作带来好运的护身符，在某些亚洲文化中，也用于占卜活动。

这种对角线、行和列相加后等于同一个值的方块被称作幻方。每年夏天，它都会出现在杂志消暑增刊里，让我们大伤脑筋。读者必须用一些数字填满一个表格，并遵守《洛书》之谜制定的初始规则。

▼ 深不可测

和完全数一样，幻方也属于名副其实的数学，人们尝试列举、构造和研究其特点。举个例子，人们很早就发现，三阶幻方是唯一的，也就是三行三列的矩阵（当然尽量对称，并且前提是只使用数字 1~9)。

证明过程非常简单。关键是注意到方块里的数字之和等于数字 1~9 相加之和，也就是 45。由此推测出，每行、每列和对角线之和都要等于 15，也就是 45 的三分之一。所以，中间的数字要将三数相加后，得出 15 并能完成四次。尝试几次就能确定中间的数字是 5，随后填满表格，最终得到以下九宫格。

6	1	8
7	5	3
2	9	4

三阶幻方既然是独一无二的，那么这个九宫格当然与《洛书》中的幻方一模一样。请注意，时至今日，神秘主义信徒更愿意想方设法让第一行出现数字 618，因为这是"黄金分割数"小数点后的头几位。对他们而言，这样的幻方法力也能翻倍。

存在着各种大小的幻方。如果大小确定，那么就很容易找到每行、每列和每条对角线之和。其推理过程与三阶幻方相同。比如，对四阶幻方来说，就是数字1~16的总和除以4，即34。话虽如此，找出换幻方里的数字组合并非易事（即使是一个四阶幻方，答案也相当多，如果我们考虑到有些解法是通过对称找到的话，将得到880个解）。所以必须发明解法，才能保证最后的成功。

下面就来介绍一个特别简单的方法：按升序往格子里填写数字1~16。每条对角线之和（左图中灰色部分）的确等于34。再将对角线的数字反过来填，其他数字保持不动，就得到了一个四阶幻方！

1	2	3	4
5	6	7	8
9	10	11	12
13	14	15	16

16	2	3	13
5	11	10	8
9	7	6	12
4	14	15	1

最著名的四阶幻方收入了画家阿尔布雷特·丢勒（Albrecht Dürer）16世纪创作的版画《忧郁》之中，如下页图所示：

16	3	2	13
5	10	11	8
9	6	7	12
4	15	14	1

将我们刚才得到的四阶幻方的中间两列互换，就出现了丢勒幻方。

即使在幻方问世数千年之后的今天，它仍然是许多人的心头好。其中有不少人，尤其是一些笃信风水之士，依旧相信幻方法力无边，但是唯一一个风靡全球的奇迹大概就是它的一个远亲——数独。

数学挑战

你想活跃家庭聚餐的气氛，用幻方来惊艳一下你的宾客吗？就让他们挑战五阶幻方吧，还可以赌上一瓶香槟来为游戏加码。只有你知道 17 世纪的数学家和诗人克劳德－加斯帕尔·巴歇·德·梅齐里亚克（Claude Gaspard Bachet de Méziriac，1581—1638）发明的捷径。秘诀就是先把幻方旋转 45°。梅齐里亚克在其著作《既有趣又令人惬意的数学问题》里描述了他的方法。首先将五阶幻方变成一个菱形图案，然后如图所示沿着对角线填入数字 1~25：

幻方的每行、每列和每条对角线之和都等于数字 1~25 之和除以 5，即 65。事实上，我们把数字 65 看作幻方和菱形的对角线数字之和。计算相对比较简单，因为这些数字是累进的（比如 5，5+4，9+4……）。随后，把右边灰色格子里的数字移到左边的灰色格子里，其他三组数字也如法炮制（左边、下面和上面）。最后得到了幻方。大功告成！香槟归你了！

11	24	7	20	3
4	12	25	8	16
17	5	13	21	9
10	18	1	14	22
23	6	19	2	15

宇宙的测量师

到底是哪些人类活动催生了数学？到底是什么让人们绞尽脑汁，想出那些无影无形的概念？第一代数学家（他们当时还没有获得这个头衔）的野心并非炮制形而上的知识，而是解决具体实际的问题。测量（土地面积）问题，以及更普遍的体积估算，推动人们发挥想象力，开创出一个新学科。

埃及人对测量问题非常重视，上文提及的莱因德数学纸草书（目前收藏于大英博物馆）就是明证。它诞生于埃及的中王国时期，抄写人在上面列出了 87 个算术问题，每一个都伴有解答，其中包括计算三角形、四边形和圆形的面积。多亏了这些令人伤脑筋的难题，抄写人的学徒们，也就是未来的行政官员，学会了如何估算耕地面积。

我们找不到一个明显的理由来解释埃及人对测量的执念。最流行的说法来自公元前 5 世纪的希罗多德（Hérodote），他提出了尼罗河涨潮说。洪水灌入后，耕地之间的边界就消失了。但凡是找人估算过自己耕地面积的农夫，都很容易收回一片同样面积的土地。还有一个假设指向埃及的税收制度。农夫根据耕地面积的大小依比例缴税，这样一来，税务机关就必须编制可耕土地地籍。

愤世嫉俗者可能会倾向于第二种可能，原因很简单：说不定埃及的税吏利用莱因德数学纸草书上的公式来欺骗农夫。的确，为了计算一片长方形耕地的面积，埃及人使用正确的长度乘以宽度的公式。但如果这块田地并不完全是长方形的，他们使用的公式（见引文《埃及的税务欺诈》）在我们今天看来是近似的，而且还高估了其面积。也就是说，税吏利用这些数学公式，征取了比实际应缴更多的税收！他们知道自己滥用权力了吗？那就只有天晓得了。

埃及的税务欺诈

下面我们就来看看埃及人如何测量田地面积，以及农夫是怎么被骗的。如果是一块边长为 a 和 c 的长方形耕地，他们使用一个正确的公式：$a \times c$。对于非长方形耕地，他们仍然把它看作一个长方形，并且将对边长度的平均数作为边长，即（$a+b$）/2 和（$c+d$）/2。四边形的面积就被认定为这两个长度的乘积……而这是错误的，除非 $a=b$ 以及 $c=d$。

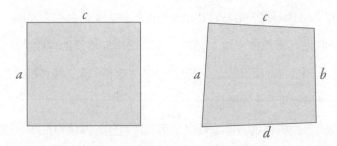

埃及一块耕地的形状：长方形或近似长方形

我们可以通过把四边形拆成几个三角形来证明，分别利用它的两条对角线可以导向两种证明方法。埃及人知道这个做法，但是他们觉得近似数值就足够了。下页左图告诉我们，灰色三角形的面积等于 $A \cdot H/2$，也就是比 $A \cdot B/2$ 来得少，只有当三角形为直角三角形（下面的角是直角）时，两者才会相等。将这种不等运用到第一种四边形分割法（见图②）里，可以证明其面积小于（$ac+bd$）/2。如果我们运用到第二种分割法（见图③）里，并计算两者之和，就能证明数值有误，只有在一种情况下才会正确。税额是根据耕地面积来计算的。一块耕地越不像长方形，税吏额外征收的税款就越多。多征税额看来是税务机关的老伎俩了！

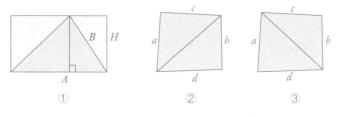

埃及税收误差的证明

▼ "这些金字塔高高矗立，四千年的历史在注视着你们。"[1]

估算高度和长度的需求也是推动数学发展的一大动力。传说中的故事版本发生在胡夫金字塔脚下。哲学家、智者泰勒斯到访埃及，在欣赏金字塔时，当时的法老突然抛出一个问题：金字塔有多高？泰勒斯不慌不忙地对法老说："我与我的影子的比就是金字塔与其影子的比。"随后计算出了金字塔的高度。泰勒斯死后四百年，罗得岛的希罗尼莫斯（Hiéronyme de Rhodes）将这则大名鼎鼎的逸闻趣事记录了下来。

千万不要害怕神话会崩塌：这个故事可能太完美了，反而

---

[1] 语出拿破仑。

不是真的！可以说，泰勒斯并没有真正成功地测得金字塔的高度，至少他得到的数值不够精确。当然，如果我们知道泰勒斯的身高、其影子的长度，以及金字塔影子的长度，打个比方，分别是 1.8 米，0.9 米和 70 米，就可通过一个简单的比例计算得出金字塔的高度：1.8 是 0.9 的两倍，所以金字塔的高度就是 70 米的两倍，即 140 米。但是这只是理论上的结果，因为泰勒斯并不知道金字塔的中心在哪里……他就无法直接计算金字塔影子的长度。有必要对结果进行修正，而希罗尼莫斯没有提到这一点。

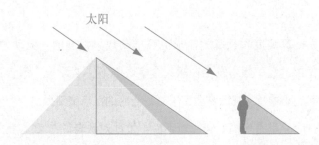

太阳

传说的另一个版本声称，泰勒斯发现在他说话时，地上竖着的一根木棍与自己的影子长度相同。于是他推测出，金字塔的高度也等于其影子的长度。只要做一下天文学演算，就会知道这样的情形只有当太阳赤纬角正好是 15° 时才会发生，也就是说每年的 11 月 2 日和 2 月 8 日。如果相差一天，则影子的长度误差为 1%；如果相差 5 天，影子的长度就会误差 5%。照这样说，一年中只有 22 天可以成全这个美好的故事。幸运的泰勒斯！（请注意，如果使用这种方法，影子从哪里开始计算仍旧是个悬而未决的问题。）

▼ 测量宇宙

不管是否属实，金字塔的传说至少说明了对数学有两种完全不同的看法。当古埃及人对数学的研究朝向实用性发展，为解决测量问题而服务的时候，古希腊人将目光转向了普遍概念，着眼的问题并不一定具有实用意义，比如计算地球的半径或者月球的半径。在公元前 3 世纪，智慧非凡的埃拉托斯特尼（Ératosthène）利用夏至日太阳的高度，估算出了地球周长，其数值惊人地精确。

埃拉托斯特尼知道，那天中午，在赛伊尼（今埃及阿斯旺），阳光会照亮一口井的井底。因为太阳光是直射的，亚历山大港和赛伊尼大致处于同一经线上，所以两个地方也同时到中午。于是，他前往亚历山大港，在那里计算出同一日的同一个时间里，阳光与垂直线的角度 a（他利用了一座方尖碑的影子来计算）。然而该角度（相当于圆周的 1/50）正好就是从地球中心看亚历山大港和赛伊尼所形成的角度。在确定了两座城市的距离（见下页引文《测量亚历山大港和赛伊尼之间的距离》）之后，他就能利用比例法，计算出地球周长等于 25 万斯塔迪亚。

这个故事提到了稍后由托勒密确定的单位斯塔迪亚——相当于 157.50 米，由埃拉托斯特尼测得的周长为 39375 千米，与准确数值（40075 千米）只相差了 2%！虽然很明显，埃拉托斯特尼对测量方法的兴趣远超过最后的结果，但是其精确程度仍然令人叹为观止。

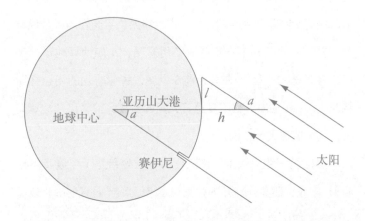

为了估算地球周长，埃拉托斯特尼首先测量了从地球中心出发所得亚历山大港和赛伊尼所成的角度 a：圆周的 1/50。经过测量可知两座城市之间相距 5000 斯塔迪亚，他成功计算出地球周长为 25 万斯塔迪亚。

测量亚历山大港和赛伊尼之间的距离

　　埃拉托斯特尼没有详细解释他是如何知道两座城市之间的距离的。当时的测量师使用两种不同的方法来测量长度。第一种是计算骆驼的步数，因为众所周知，骆驼的步长非常有规律。第二种是计算一艘船在尼罗河上从一个地点到另一个地点航行需要多少时间。对于这么长的距离来说，这些方法无法给出非常精确的结果，所以埃拉托斯特尼就得出了 5000 斯塔迪亚这个整数来。

▼　环绕月球[2]

　　埃拉托斯特尼的方法能获得成功，取决于两点：地球是球形的，太阳在无限远处（也就是说阳光的光线互相平行）。无论地球围绕太阳运行（日心说）还是反过来（地心说），该结果都是成立的。而且埃拉托斯特尼持地心说，与他同时代的亚历山大港人阿利斯塔克（Aristarque）则恰好相反。然而，他们两人都认为，地球和月亮一样，都是球形的。阿利斯塔克在月食时观察到，地球投射到月球上的阴影是圆形的，由此证明了这个结论。

---

　　[2] 此处影射了法国作家儒勒·凡尔纳的同名科幻小说。

视角前卫的阿利斯塔克也关心起了月球的大小。他对这颗自然卫星的运行情况进行观察，得出两项结果。第一项：月球在一小时内移动的距离相当于其直径。第二项：月食持续两个小时。

阿利斯塔克推测出，月球的直径是地球直径的三分之一（见下图），鉴于实际的数值是 27%，可以说这个估算已经相当接近了。随后他又测量起其他的距离来，比如太阳和地球之间的距离，以及月球和地球之间的距离，但是这次他犯下错误，因为他错误估计了在新月至上弦月间月球—地球—太阳的角度。

月食

▼ 国家地理学院的鼻祖

只要看看标记古罗马帝国边境线的欧洲古地图，就会发现古代的测量者用肉眼估计的结果并不十分精确。虽然希腊智者已经开展了许多开拓性的工作，但测量地球和绘制精确地形图的想法直到 17 世纪才被认真对待。测量者最青睐的数学工具是三角函数，这一学科最早是在古代发明出来的，随后由印度、波斯和阿拉伯数学家改进完善。

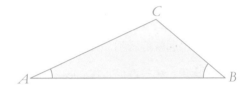

在最近几百年里，测量者使用三角测量技术来绘制地图：已知 *AB* 的长度和 ∠*A* 和 ∠*B* 的度数），可以确定 *AC* 和 *BC* 的长度。计算需要用到 ∠*A*、∠*B* 和 (*A*+*B*) 的正弦值

三角函数帮助我们节省了大量的时间，因为我们再也不用靠步行来丈量距离，而是通过测量角度的方法来实现。因为该技术基于三角形的构造，所以被称为"三角测量"。如果已知三角形一条边的长度，就可以通过测量邻角的度数来推断另两条边的长度。一个由三角形组成的网络就这样在整个欧洲，随后在整个世界上铺展了开来。只要测量一个三角形的边长，就能用逼近法计算出所有其他的距离。

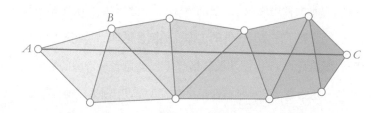

只要测得三角形的角度，就可以从*AB*的长度推断出*AC*的长度

　　在实际操作中，三角形的顶点由固定住的界石来标示，这些界石十分醒目，远远就能看到，方便测量者瞄准以量取角度。最早的界石是雅克·卡西尼（Jacques Cassini）和他的儿子塞萨尔－弗朗索瓦·卡西尼（César-François Cassini）18 世纪时在法国竖立的，被称为"卡西尼金字塔"。徒步爱好者常常在中等海拔的山顶上偶遇这些石堆。唯一实地测量的距离是借助了头尾相连的长杆，测得的是犹太城和瑞维西之间的距离（5663 土瓦兹[3] 即 11 千米多一点）。而我们至今仍能在犹太城欣赏到第一个"卡西尼标记"的遗迹。这个标记网络被用于计算巴黎和马赛之间的精确距离，以及为法国全境绘制地图。

「3」 1 土瓦兹约合 1.949 米。——编者注

▼ 目标：子午线

眼见局部地区地图的绘制初见成效，测量者感到信心倍增，试图一窥整个地球的面貌！1718 年，雅克·卡西尼使用三角测量法，首先计算出了从敦刻尔克到比利牛斯山的子午线长度。据他估计，巴黎北部的经线弧度值似乎比巴黎南部的短！他推测，地球会往南北两极伸长，这与牛顿的预测背道而驰。牛顿从他提出的万有引力定律和地球像一个液体球的假设出发，预测地球在赤道凸起、两极扁平。

因为地球围绕自身自转，想必在赤道处会膨胀延伸，其原理如同孩子乘坐旋转木马容易被甩出去一样。

要想一锤定音，别无他法，只能摩拳擦掌，勇敢面对毒蚊子和冰风暴！两支探险队分别被派往天南地北：一支队伍于 1735 年奔赴赤道（当时的秘鲁总督管辖区），另一支则于 1736 年来到了拉普兰（现芬兰最北部）。数学家亚历克西斯·克莱罗（Alexis Clairaut）加入了由皮埃尔·德·莫佩尔蒂（Pierre de Maupertuis）领导的后一支考察队。北极考察队发现在那里（经过地轴的）的 1 度对应的是 57438 土瓦兹的距离。而赤道考察队测得的距离是 56749 土瓦兹。然而，就像下页的图形显示的那样，一个两极稍扁的地球的直接表现就是这一长度会增加。测量研究的结论毫无疑义：

地球的南北两极的确比较扁平。

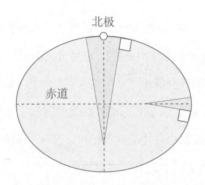

此图中地球的椭圆形状故意被夸大。假设北极的角度和赤道的角度是一样的
（同为20°）。由于地球是扁的，所以在表面上会形成不同的弧长，北极的
弧线最长

可以想象，这一项奔赴天涯海角的绘图任务引起了强烈反响，但总也免不了混杂些不和谐的声音。伏尔泰在《关于人类的七篇诗论》中嘲笑莫佩尔蒂及其同伴："你们在这些百无聊赖的地方确证了牛顿足不出户就知道的事实。"伏尔泰不仅暴露出十足的恶意和言不由衷（事实上，他想借这个问题挟私报复，了断一桩与莫佩尔蒂的个人恩怨），而且还颠倒了黑白，以为实验最终证实了牛顿的理论。

为什么地图是错误的

如果你曾经坐过巴黎与纽约之间的远程客机，大概会很好奇飞机为何沿着椅背后的显示屏上的路线飞行。一旦飞机起飞后，它就直奔西北方向，越过大西洋的极北部，直到加拿大边境才转向纽约！飞行员是摔坏了脑袋吗？当然不是，飞机飞行的路线其实就是最短的，而我们的直觉正相反，这是因为地球是圆的，而不是平的。如何用二维空间表现一个球形世界？地图绘制者面临的正是这样的挑战，两千年来，数学也从中获益良多。

如何确定地球上 A 和 B 两点间的最短路线？要解决这个问题，就要想象地球上有一个无法到达的点：它的中心 O。

实际上，由于对称，A 和 B 两点之间的最短路线肯定出现在经过 O、A、B 三个点的平面上。人们推断出应该就是球体和整个平面的相交处：经过 A 和 B 两点的圆周。这个概念和地球南北的概念毫无关联，这就能解释为什么我们要去西南方向的话，很有必要先飞往西北方向！同样，谁要是想从纽约出发飞去香港，那他就应该先去……北极。

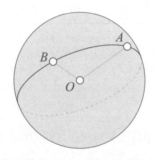

球体上两个点之间的最短路线

▼ 经度和纬度

我们现在要做的就是具体确定这个圆周的位置。为了判断自己在地球上的方位，地图绘制者求助于两个度数：经度和纬度。经度是一个地点距离本初子午线的度数，本初子午线位于伦敦郊区一座名叫格林尼治的村庄里，那里有一座举世闻名的天文台。纬度则是以赤道为 0 度开始计算的。从这些数据出发，包含从 *A* 点到 *B* 点的最短路程的那个圆周就是由该圆周和经过 *A* 点的子午线之间的 *a* 角决定的。

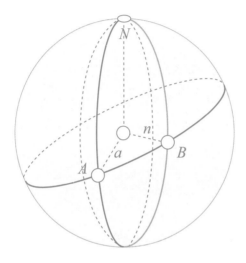

*A*和*B*之间的最短路线由*a*角决定

　　虽然亚历山大的门纳劳斯（Ménélaüs d'Alexandrie，活跃于公元 1 世纪）不用操心如何从希腊飞到纽约，但是他找到了一条定理，能利用角的正弦的三个比值来计算角 *a*。这个公式实际使用起来相当复杂，于是中世纪阿拉伯和波斯的数学家尝试用其他方法来简化计算过程。第一个方法被称作余弦公式，因为主要用到了三角形内角的余弦。一般将这个发现归功于公元 9 世纪的阿拉伯数学家巴塔尼（Abu Al-Battânî）。另一个波斯数学家阿布·瓦法（Abu Al-Wafa）在公元 10 世纪提出了一个比门纳劳斯简单得多的正弦公式。阿布·瓦法还改进了三角学的正弦表、正切表和余切表，后者对三角测量法来说必不可少。

将这两个公式应用于上图中的 *NAB* 球面三角，就能得出 *a* 角和 *n* 角的值。*a* 角决定我们前往 *B* 点需要朝向哪个方向，而 *n* 角给出了 *A* 点到 *B* 点的距离。时至今日，软件仍然在使用这样的计算方法来引导飞行员……

▼ 该把地图扔进垃圾桶吗？

让我们回到地图上。想必从上文中你已经明白，地图完全不能反映实际的距离。是的，它们简直错得离谱！然而，我们能动动脑筋，让地图不至于同时在所有方面都出错。确切来说，如果使用投影法，把三维球体投影到一个平面上，就能保证面积或角度有一个是正确的，但两者无法兼得。

被设计成面积相等的地图投影，被称为"等积投影"。高尔－彼得斯投影就是一例，它于 1855 年由詹姆斯·高尔（James Gall）发明，1967 年被阿诺·彼得斯（Arno Peters）重新发现。保持实际角度不变的投影被称为"等角投影"，墨卡托投影是其代表，由格哈德·克雷默（Gerhard Kremer）于

1565 年发明（Kremer 拉丁化以后变成 Mercator，Kremer 意为 "商人"，拉丁文里作 mercator）。航海家偏爱第二种地图，因为他们能借助指南针来确定航向。

近两百年来，这两种地图在法国交替使用。1802 年，拿破仑选择使用圆柱等积投影来绘制参谋部地图，该投影由文艺复兴时期的地理学家夏尔－玛丽·博内（Charles-Marie Bonne）于 1780 年发明。随后，炮兵部队取得长足进步，能远距离发射炮弹了，炮兵无法用肉眼来判断，只能借助地图，等积投影的缺点就变得昭然若揭。在海上航行或在空中飞行时，知道准确的方向比掌握正确的面积更重要……于是法国军队在第一次世界大战期间更换了地图，采用了 "等角投影"。

由法国国家地理研究所（IGN）印制的地图依据的是等角投影（朗贝尔投影）。最经典的世界地图也使用了墨卡托投影。但实际上，每种地图都有其优点和缺点。局部地图和航海地图采用等角投影更合适，因为这样能保证形状的准确性，方便我们辨别方向。而全球地图则最好采用等积投影，但是使用它们来确定方向就是下下策了。如果我们想要鱼与熊掌兼得，最佳方案就是……找一个地球仪吧！

毕达哥拉斯定理[1]之史诗

要说学校数学课上最闪亮的明星，或者如果只能列举一个深深烙印在集体记忆中的数学结论，那无疑就是毕达哥拉斯定理了。毕达哥拉斯是公元前 6 世纪时生活在希腊萨摩斯岛上的宗教改革家和哲学家。他的名字意为"由皮媞亚[2]告到来的人"，因为他父亲在去往德尔斐神庙时听到他诞生的消息。虽然我们对毕达哥拉斯这个历史人物所知甚少，但他毫无疑问是古希腊的伟大思想家，胸怀万物，对医学、数学、音乐和灵魂的本质都有所涉猎。即便毕达哥拉斯有通天的智慧，那个

---

[1]也称勾股定理。
[2]古希腊阿波罗神的女祭司，服务于帕纳塞斯山上的德尔斐神庙。

定理被冠以他的名字却是一个大大的乌龙……

由于无法找到当时的文献，所以我们根本无法知道毕达哥拉斯是不是真的发现了那个定理。但是无论如何，发现这一定理的过程仍然激动人心，如史诗般波澜壮阔。它穿越了千年的岁月，横跨大洲大陆，从欧洲到亚洲，沿着丝绸之路和"直角三角形"之路。毕达哥拉斯定理是数学历险中最伟大的史诗，也是人类知识史上一次惊天动地的壮举。

▼ 正方形的问题

如今以"毕达哥拉斯定理"之名为我们熟知的这条定理，其最终形式出现在欧几里得的《几何原本》第 1 卷第 47 条。欧几里得是生活在公元前 300 年左右的另一位伟大的希腊数学家："在任何一个直角三角形里，由斜边构成的正方形面积与由两条直角边构成的两个正方形面积之和相等。"

留心不要掉进词汇的陷阱里：这里所说的正方形是真正的正方形（正四边形），而不是平方[3]，虽然两者最终在数值上是相等的——因为一个正方形的面积就等于边长的平方。欧几里得在描述这条定理时从来没有提及毕达哥拉斯的名字。他

「3」法语中 carré 有正方形也有平方之意。

的文字还伴有一个普遍性证明图解过程，为清晰起见，现将该论证分为三部分。

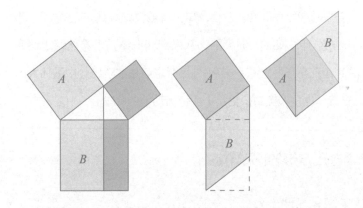

欧几里得采用的证明方法是把由斜边构成的正方形分为两个长方形，证明其中每个长方形都与由直角边构成的正方形面积相等。只要证明 $A=B$ 就行了，因为根据对称原则，另外一对也肯定是相等的。将 B 这部分变形两次，证明就成立了。

在手稿下方的空白处，抄写人补充了一段评论，用一幅画来表示一个更容易理解的证明方法，但是只有在某种特定情况下才成立，即当直角三角形也是等腰三角形时：

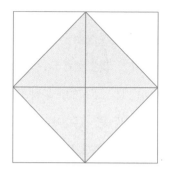

数一下三角形，就能知道由斜边构成的正方形面积（倾斜的灰色部分）是小正方形的两倍。由此可以得出大正方形的面积等于灰色正方形面积的两倍。证明完毕！

▼ 一千年前在底格里斯河和幼发拉底河畔

我们提到毕达哥拉斯定理的这一特殊情况，并非毫无缘故……上页那个图形来自讲述毕达哥拉斯定理的最久远的考古遗迹。它可以追溯到公元前2000年前的美索不达米亚，是一块可以放在掌心里的小黏土板，考古学家认为可能是学生的作业。黏土板上显示有一个被分成四个等腰直角三角形的正方形，以及一连串数字。美索不达米亚人习惯把待解答的练习题及其答案一起写在黏土板上。这块板上记录的是什么类型的习题呢？美索不达米亚人比希腊人早一千年发现毕达哥拉斯定理吗？

这些生活在近东的民族遗留下了数量可观的黏土板，关于数学的就多达数百块。其主题各异，有的讨论耕地的面积，有的研究灌溉渠如何挖掘，还有的记录种子的储存量，但还有很大一部分问题与现实无关。像古埃及一样，抄写学徒去学校学习数学，最有名的学校在美索不达米亚的宗教和文化首都尼普尔。

四千年前，有一块被某个学生用作习题纸的黏土板上刻有三个用楔形文字书写的数字。第一个是：

即 30，根据它的位置来判断，似乎代表正方形的边长。第二个是：

即六十进位的 1′ 24′ 51′ 10（美索不达米亚人用六十进制来计数），省文撇用于分隔开六十进位的数字。用十进制表示的话就是 30 5470。第三个是：

即 42′ 25′ 35′，就是十进制的 152735，也就是前一个数字的一半。有意思的是，后两个数字位于对角线两侧。

这三个数字意味着美索不达米亚人早早地就掌握了毕达哥拉斯定理吗？很难下定论，因为使用巴比伦计数法的学生在书写的时候总是不会标明单位。如果与现今的体系做个年代错误的类比，我们可以说那个学生漏了一个小数点……（直到文艺复兴时期小数点才被发明出来）。我们只能穷尽所有的可能性。以第二个数字 1′24′51′10 为例，如果我们把省文撇放在第一个数字后，那么就是 1′24′51′10（由六十进位换为十进位为）305470/60³，即 1.414212963……而这恰恰是 $\sqrt{2}$（1.414213562……）的近似值……很难相信这只是一个巧合。

用同样的方法来解码第三个数字，得到 152735/60²，即 42.42638889… 也就是 30 乘以 $\sqrt{2}$，正是边长为 30 的正方形的对角线长！这些了不起的事实说明了什么？说明美索不达米亚人掌握了毕达哥拉斯定理里等腰三角形的特殊情况。似乎是抄写学徒从老师那里记下了题目的给定条件，正方形的边长和 $\sqrt{2}$，然后他计算出了正方形的对角线长。老师是怎么知道 2 的平方根的呢？有一种非常简单的方法，后文讲到古代计算技巧的时候我们会提及。

▼　黏土板里的明星

美索不达米亚人的知识仅限于等腰三角形，还是他们已经全面了解毕达哥拉斯定理了呢？最著名的那块数学黏土板可以回答这个问题。它因将其捐赠给哥伦比亚大学的美国出版家、慈善家乔治·亚瑟·普林顿（George Arthur Plimpton）而得名——普林顿 322 号，长时间以来（乃至今日）令数学家叹为观止。黏土板上刻着一张 15 行乘 4 列的表格（左边第一列的数字不清，所以恢复原状不那么容易）：

其中只有 12 行能看得清楚。如果仔细研究上面出现的数字（用六十进制书写，参见引文《破译后的普林顿黏土板》），就会发现第一列数字和后面两列之间存在某种关系，与直角三角形的斜边和两条直角边长之间的关系一模一样。用数学家的术语来说，每一行里的一组三个数字叫作"毕达哥拉斯三元数组"。

破译后的普林顿黏土板

以下为用十进制转写的表格。a、c、b 三列分别对应原表格的第一、第二和第三列。

六十进制		十进制			
a	c	a	c	b	a/c
1' 59	2' 49	119	169	120	0,704142
56' 7	1' 20' 25	3367	4825	3456	0,697823
1' 16' 41	1' 50' 49	4601	6649	4800	0,691983
3' 31' 49	5' 9' 1	12709	18541	13500	0,685453
1' 5	1' 37	65	97	72	0,670103
5' 19	8' 1	319	481	360	0,663201
38' 11	59' 1	2291	3541	2700	0,646992
13' 19	20' 49	799	1249	960	0,639711
8' 1	12' 49	481	769	600	0,625487
1' 22' 41	2' 16' 1	4961	8161	6480	0,607891
45	1' 15	45	75	60	0,600000
27' 59	48' 49	1679	2929	2400	0,573233
2' 41'	4' 49	161	289	240	0,557093
29' 31	53' 49	1771	3229	2700	0,548467

我们发现 b 列的数值都等于 $\sqrt{c^2-a^2}$，而且永远是一个整数。这样我们就得到 14 个整数的毕达哥拉斯三元数组（a、b、c），使得 $c^2=a^2+b^2$，如今我们称其为"毕达哥拉斯三元数组"。

表格里的第四列是 a/c。另外，表格是根据这个参数（即三角形里最小的角的余弦）的降序排列的。（表格中突出显示的）两个数字经过修改，因为它们显然是抄写人犯下的错误。

这块黏土板上的毕达哥拉斯三元数组列表能否说明，巴比伦人已经全面掌握了毕达哥拉斯定理？在没有其他证据的情况下，我们无法得出这一结论。同样，也很难断言，巴比伦数学家是如何得到这张列表的，毕竟它只是一千年后欧几里得给出的完整列表的一小部分。特别是，最著名的毕达哥拉斯三元数组（3，4，5）并不在其中[虽然将其乘以15的直角三角形（45，60，75）赫然在列]。我们就不深究下去了，因为在此过程中会遇到太多无法验证的假设。我们只能推断，巴比伦人注意到了直角三角形，并且发现他们研究的所有直角三角形都符合毕达哥拉斯定理的性质，这可是在毕达哥拉斯出生一千年之前!

▼ 中世纪的埃及三角形

在美索不达米亚人熟知的毕达哥拉斯三元数组里，有一个以一种惊人的方式穿越了悠悠岁月。最简单的三元数组（3，4，5）在三千年后重又出现，这次它变成了……一根绳子。在中世纪，大教堂的泥瓦匠使用一种三元数组绳子来画直角。这根绳子有 13 个结（长度是 12=5+4+3）。多亏了这一性质，工匠们只需适当地折起绳子就能画出直角三角形：

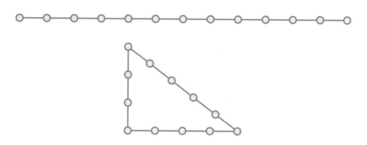

一条打有13个结的绳子可以折叠拉直后构成一个直角三角形

　　从那时起，打有 13 个结的绳子就被称为"埃及三角形"，因为泥瓦匠追溯到了它在古埃及的使用历史（其实我们没有任何真凭实据）。唯一一个将该毕达哥拉斯三元数组和埃及人建立联系的是普鲁塔克（Plutarque，46—125）的著作《伊西斯和奥西里斯》，他用极其神秘的口吻来描述它：

　　"埃及人似乎把世界想象成一个完美无缺的三角形；柏拉图在《理想国》里把三角形比作婚姻的象征。三角形直角边为 3，底边为 4，斜边为 5，斜边的平方等于其他边长的平方之和。直角边象征世界，底边象征女性，斜边象征两者的后嗣。"

▼　中国的勾股定理

　　希腊人、美索不达米亚人、埃及人，究竟哪个民族才是毕达哥拉斯定理之父呢？我们已经看到，很难确切知道希腊和古代近东地区是何时发现该定理的。有可能他们比欧几里得早了至少一个世纪、在柏拉图时代（大约公元前 400 年）了解了它的概要（柏拉图在《蒂迈欧篇》里提及数个三元数组）。但是在地中海东部之外，其他文明也在蓬勃发展。尤其亚洲更是两大数学文化的摇篮：中国和印度。中国人和印度人对数字的偏爱也会引领他们去探索三角形的奥秘吗？

答案是肯定的。中国人和印度人都在古代就发现了毕达哥拉斯定理，至少掌握了某些特殊情况，如等腰直角三角形和由 3、4、5 组成的三角形。印度人称之为"对角线定理"，中国人则称之为"勾股定理"（"勾"代表底，"股"代表高）。我们在中国最古老的数学论著《周髀算经》里看到"勾三股四弦五"的记录。该文献的年代已不可考，很可能早于欧几里得。证据是，三角形被插入一个大正方形里，而这个大正方形被分成许多小正方形，就像由像素组成一样。

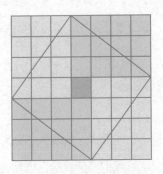

勾三股四弦五这一特殊情况下的毕达哥拉斯定理的证明

　　该证明无法放之四海而皆准，由此可见，在当时中国人并没有试图把这一定理延伸至其他直角三角形。在公元 3 世纪，数学家刘徽在为《周髀算经》作注时做出了一般性的论证。虽然图示已失传，但是刘徽的文字解释还是让人联想到下面的拼图：如果把编号为 1、2、3 的三角形移动一下，就能从两个小正方形出发构建出一个大正方形来。

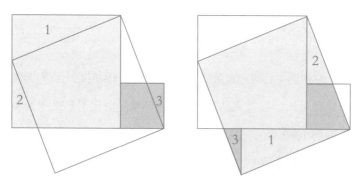

刘徽的《青朱出入图》

　　将拼图的位置移动后，就能证明两者相等：大正方形的面积 = 小正方形的面积之和，即证明了毕达哥拉斯定理。

　　公元 12 世纪时，印度数学家婆什伽罗二世（Bhaskara）用另一个拼图论证概括了刘徽的设想：

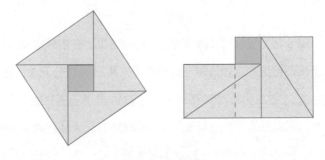

婆什伽罗二世拼图

▼ 最美的证明：达·芬奇

对毕达哥拉斯定理最简单的证明也来自印度，但我们无法断定其年代。有些人认为可以追溯到吠陀时代（公元前 2000 年到前 1000 年），这就和上文所述矛盾了：如果一般性的毕达哥拉斯定理早在吠陀时代就已被发现，那么为什么后期的文献里只记载了特殊情况呢？

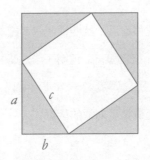

吠陀文化里的论证方法是半几何、半代数的。正方形图形如上图所示分解，$(a+b)^2=c^2+2ab$，可得 $a^2+b^2=c^2$

062

直到 19 世纪，毕达哥拉斯定理才进化发展，然而在漫漫历史长河中不少论证过程以其清晰、新颖或美感而永留史册。从这个角度来看，最美的莫过于达·芬奇提出的证明。虽然它使用的图形有些复杂，但是只使用了三条线，相信再也不可能找到比它更简洁明了的方法了。

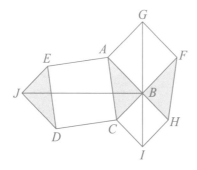

达·芬奇对毕达哥拉斯定理充满美感的证明。图中四个四边形$ABJE$、$BCDJ$、$ACIG$和$GFHI$是一样的。然而$ABJE$和$BCDJ$的面积之和等于大正方形加上两个三角形，而$ACIG$和$GFHI$的面积之和等于两个小正方形加上两个三角形。由此可以推出毕达哥拉斯定理

请注意，我们现在以$a^2+b^2=c^2$的形式书写的毕达哥拉斯定理完全是现代的思维方法。古代人可没有掌握抽象的代数语言，只会用几何描述或单纯的数字罗列来表达。使用字母书写最大的好处就是能让毕达哥拉斯定理超越平面，推演到更复杂的空间里。如此一来，它又大放异彩，应用到了大量意想不到的场景里，特别是当我们回想一下它作为平面几何的谦卑出身，就更不由感叹数学的奥妙了。

第一部分 数学的起源

不可多得、神出鬼没的质数

数学史上最常被提及的是什么数字？也许因为质数的定义无人不知，所以长久以来它都令人痴迷不已……甚至有时到了神魂颠倒的程度。在发现伊尚戈骨（可能是人类历史上最早的数学记录之一）之后不久，考古学家就认真考究起，两万年前智人是不是已经懂得了质数的概念。为何这么说？很简单，因为他们从骨头上的划痕里辨认出的恰恰是 11、13、17、19 划。而这些数值正好是质数！也许史前人类也喜欢用数学挑战游戏来消磨时间呢！

质数是只能被 1 和自己整除的数字。但是这个定义隐藏了一个事实。质数并不只是数字，它们构成一个独属于它们自己的数学领域。这不仅是因为我们在密码学应用里经常看到它们的身影。2006 年，澳大利亚数学家陶哲轩（Terance Tao）因在质数的规律性上取得重大发现，荣获数学领域的最高荣誉——菲尔兹奖（见引文《为什么没有诺贝尔数学奖？》）。类似的例子数不胜数，不论时代变迁，质数的定义一直以其婴儿般的简朴吸引着一代又一代的数学家。

为什么没有诺贝尔数学奖？

因为没有诺贝尔数学奖，所以很多数学家荣获的是菲尔兹奖或者像约翰·纳什一样，被颁发诺贝尔经济奖。至于其背后的原因，有传言说因为诺贝尔的妻子垂青于瑞典数学家哥斯塔·米塔－列夫勒（Gösta Mittag-Leffler，后文讲到庞加莱的时候还会提及此人），所以诺贝尔因妒生恨。这个理由完全站不住脚，因为诺贝尔从未结过婚。也许他只是认为数学对人类并没有什么益处？

▼ 起源

就像很难说清楚毕达哥拉斯定理是何时发现的一样，要想弄明白质数的发明者也不是件容易的事情。第一个使用"质数"这个术语的是欧几里得（《几何原本》）。然而在毕达哥拉斯数学派的传统里，提到质数时使用有形数来表达，也就是说用可以排成一定规律形状的点来表示。6 是一个有形数，因为可以写作：

　　古希腊人根据有形数形成的图形来辨认它们。有一类有形数是长方形的，比如 6。很容易想象出，5、7、11 不是长方形有形数。在毕达哥拉斯数学派传统里，这三个数字和它们的非长方形亲戚是"线性的"，因为它们在平面上只能排成直线。5、7、11、13、17……看出来了吗？它们都是质数。

　　事实上，从定义上来看，所有非长方形 / 线性的数字都是质数。这样我们就知道欧几里得是从哪里得到灵感来打造质数这个术语了。在他看来，质数[1]就相当于"线性数"。古希腊人用几何方法来处理问题的思路从中可见一斑。

▼　质数表

　　虽然欧几里得给出了质数的定义，但是他没有列举任何一个例子。相反，比他稍晚的埃拉斯托特尼则给我们展示了如何通过排除所有不是质数的数，来找出小于某个给定数的质数。比如，要列出所有小于150的质数表，就要先列出从2到150的数字表。我们保留质数2，然后删去2的倍数，这个操作不需要任何计算：只要把表格里每隔一个数字删去就行。然后，我们从第一个没有被删去的数字开始，也就是3，如法炮制，以此类推。最后就会得到以下表格，涂成浅灰色的格子里都是2的倍数，灰色依次加深的分别是3、5、7、11的倍数。白色格子里的是质数，周围有一个圆圈。

<table>
<tr><td>1</td><td>2</td><td>3</td><td>4</td><td>5</td><td>6</td><td>7</td><td>8</td><td>9</td><td>10</td><td>11</td><td>12</td><td>13</td><td>14</td><td>15</td></tr>
<tr><td>16</td><td>17</td><td>18</td><td>19</td><td>20</td><td>21</td><td>22</td><td>23</td><td>24</td><td>25</td><td>26</td><td>27</td><td>28</td><td>29</td><td>30</td></tr>
<tr><td>31</td><td>32</td><td>33</td><td>34</td><td>35</td><td>36</td><td>37</td><td>38</td><td>39</td><td>40</td><td>41</td><td>42</td><td>43</td><td>44</td><td>45</td></tr>
<tr><td>46</td><td>47</td><td>48</td><td>49</td><td>50</td><td>51</td><td>52</td><td>53</td><td>54</td><td>55</td><td>56</td><td>57</td><td>58</td><td>59</td><td>60</td></tr>
<tr><td>61</td><td>62</td><td>63</td><td>64</td><td>65</td><td>66</td><td>67</td><td>68</td><td>69</td><td>70</td><td>71</td><td>72</td><td>73</td><td>74</td><td>75</td></tr>
<tr><td>76</td><td>77</td><td>78</td><td>79</td><td>80</td><td>81</td><td>82</td><td>83</td><td>84</td><td>85</td><td>86</td><td>87</td><td>88</td><td>89</td><td>90</td></tr>
<tr><td>91</td><td>92</td><td>93</td><td>94</td><td>95</td><td>96</td><td>97</td><td>98</td><td>99</td><td>100</td><td>101</td><td>102</td><td>103</td><td>104</td><td>105</td></tr>
<tr><td>106</td><td>107</td><td>108</td><td>109</td><td>110</td><td>111</td><td>112</td><td>113</td><td>114</td><td>115</td><td>116</td><td>117</td><td>118</td><td>119</td><td>120</td></tr>
<tr><td>121</td><td>122</td><td>123</td><td>124</td><td>125</td><td>126</td><td>127</td><td>128</td><td>129</td><td>130</td><td>131</td><td>132</td><td>133</td><td>134</td><td>135</td></tr>
<tr><td>136</td><td>137</td><td>138</td><td>139</td><td>140</td><td>141</td><td>142</td><td>143</td><td>144</td><td>145</td><td>146</td><td>147</td><td>148</td><td>149</td><td>150</td></tr>
</table>

埃拉托斯特尼筛法

埃拉托斯特尼筛法能清楚地展现出，质数在 1 到 10 里还相对常见，9 个数里面有 4 个是质数，虽然逐渐变少。如今我们使用的方法更复杂一些，但是请记住只需要知道 2、3、5、7 和 11 的倍数就能知道一个小于 150 的数字是否质数。另一方面，埃拉托斯特尼筛法也证明了，任何一个数字都有一个质数的因数，这其实也是欧几里得给出的属性。只要重复这一断言，就能证明任何一个数字要么是质数，要么是数个质数的乘积，而这些质因子按大小排列之后，写法仅有一种形式——该定理虽然没有被古人记录下来，但是欧几里得和埃拉托斯特尼想必都已知晓。如今，这一结果被称为"算术基本定理"。

▼ "大"质数

我们所知的最大质数是多少？这可是一个包含了 2200 万位数的数！由电脑计算得出的这个数字有个粗俗的名字 M 74207281，因为它不仅仅是一个质数，还是一个梅森数（是第 74207281 行的梅森数）。马林·梅森（Marin Mersenne，1588—1648）创立了一个非正式的学术交流组织，是 1666 年科尔贝（Colbert）创立的法兰西科学院的前身。他关注比那些 2 的乘方小 1 的数字，后人将其称为梅森数，写作

$M_p = 2^p - 1$。

梅森数和质数之间的关联由爱德华·卢卡斯（Édouard Lucas，1842—1891）发现，他还找到了检验一个梅森数是不是质数的快捷方法，并加以完善。所以，我们知道的比较大的质数都是梅森数。M74207281 于 2016 年发现，多亏了"互联网梅森质数大搜索"项目（GIMPS），17 万志愿者通过互联网协作完成了计算！更惊人的是，早在梅森之前，欧几里得就发现了这些数字之间存在一种出人意料的关联，当这些数字是质数，那它们也是完全数（比如数字 6，就是它的因数之和）。具体来说，如果 M_p 是质数，那么 $2^{p-1}M_p$ 就是完全数。两千年后，莱昂哈德·欧拉（Leonhard Euler，1707—1783）证明了，我们可以用这种方法得到所有的偶数完全数。

欧几里得当然远远不可能找到那么大的质数。然而，他倒是思考过一个非常抽象的相关问题：质数是有限的吗？他证明答案是否定的。从理论上说，答案并非一目了然，因为谁知道数字越来越大以后会有什么变故呢？我们可以想象，越过某一个门槛后，所有的数字就都能被除了自己的其他数字整除了。

欧几里得的想法既美好又简单。用现代语言表述如下：欧几里得首先设想了质数的集合 a、b、c……随后将这些质数相乘并加 1。然而这一新数字有一个质因数（欧几里得在别处证明了这一结果）。如果这个质因数属于设想出的集合的一部分，比如等于 a，就能整除 abc……+1 和 abc……，所以也能整除两个数字之差，即 1。而这显然很荒谬。所以假设是不成立的：质因数不属于集合的一部分。由此得出结论：始终可以从一组质数出发构成一个全新的质数。换句话说，质数的集合是无限的。

欧几里得在他的证明过程中没有提到无限。无限的概念非常棘手，直到 9 世纪，阿拉伯数学家金迪（Al Kindi，801—873）才正确地加以论述。欧几里得小心地避开了这个概念，采用了这样的表述："质数的集合大于任何给定质数的子集。"

▼ 寻找失落规律的冒险家

乍一看，质数彼此之间似乎并无关联。但事实真的如此吗？难道质数背后没有隐藏的规律将它们联系在一起吗？会不会有某种隐迹纸本，一旦让原迹复现，就会令真相大白？多少时代以来，无数数学家都试图探寻质数的奥秘。

这一追寻一直持续到了今天，让我们回到用埃拉托斯特尼筛法得到的表格吧。如果细细审视，就会发现质数成列聚集。比如在由 7 开始的那一列里，可以找到 37、67、97、127 和 157。如果你因此推断只要加上 30，就能得到一个质数，那你真是目光如炬……但是事情可没有那么简单，因为 187 就能被 11 整除。

然而，在后面我们又找到了其他质数的长序列。比如在 277 到 397 之间就存在五个连续的质数。用数学家的术语来说，等差数列是指这样的一系列数字，其任何相邻两项的差相等。从几何图形上来看，这些等差数列在埃拉托斯特尼表格上表现为列和对角线。比如由 5 开始的对角线：5、19、47、61、89、103 和 131。

在欧几里得和埃拉托斯特尼后的两千年后，阿德里安 - 马里·勒让德（Adrien-Marie Legendre，1752—1833）提出猜想：如果等差数列的第一项和公差（即两个相邻项之差值）没有公约数，那么这个等差数列里就包含了无限的质数。后来约翰·狄利克雷（Johann Dirichlet，1805—1859）证明了这一定理，并数次加以完善。最后一次改进离我们很近，就在 2014 年。由本·格林（Ben Green）和陶哲轩（2006 年菲尔兹奖得主）共同完成，证明了存在包含任意长度的质数的等差数列。

▼　魔鬼双胞胎

这只是众多例子中的一个。质数引发了无数猜想，虽然很容易提出，但极难证明。比如，我们猜想存在无限的双胞胎质数，也就是说彼此之间只相差 2，如 3 和 5，5 和 7，59 和 61，137 和 139 等等。就目前为止，最高纪录有 200700 位数，但没人能成功证明这样的数是无限多的。现代数学似乎无法有效地解决此类问题。

有关质数的最著名的猜想（就是那些人们认为是真的，但无法证明其真假的数学表述）无疑是哥德巴赫猜想了。它诞生于 1742 年，后来由莱昂哈德·欧拉改为一个等价的版本，但无论是他，还是他之后的所有数学家却都无法证明。哥德巴赫猜想极其简单，因此也为它增添了魅力：任何一个偶数（从 4 开始）都能写成两个质数的和。

即使这样说会很累赘，我们还是要强调一下，要证明这句表述只需解答两个问题：什么是偶数？什么是质数？另外，对于小数字来说很容易验证：4=2+2，6=3+3，8=3+5，1000=17+983……389965026819938=5569+389965026814369，等等。然而，即使最伟大的数学家都对它一筹莫展。它激发了不少关于质数分布的研究，很快就进入了一些路途艰险、困难重重的数学领域。尤其是，哥德巴赫猜想激励数学家对 π 函数展开研究，即对每个 n 值，π 都能找到小于 n 的质数的数量。π 的这一功能可以表格形式呈现，虽然需要经过大量运算。以下是针对 10 的乘方的 π 函数的例子：

n	10	100	1 000	10 000	100 000	1 000 000
$\pi(n)$	4	25	168	1 229	9 592	78 498

类似这样的表格无疑帮助勒让德猜想并随后证明了，当 n 趋向无限时，$\pi(n)$ 与 n 的比趋近于 0。惊人的是，勒让德引入了一个理论上与算术毫无关系的函数——对数函数，ln，后文中我们会看到它的自然背景（超越函数）。他猜想，当 n 是大数值时，$\pi(n)$ 大约等于 $n/\ln n$。长时间以来，这一直只是一个猜想，直到一个世纪后的 1896 年，才由雅克·阿达马（Jacques Hadamard，1865—1963）和拉·瓦莱·普桑（La Vallée Poussin，1866—1962）先后独立给出证明（他们使用了理论上非常迂回的技术，我们在下文中会和黎曼的 ζ 函数一起提到）。随着时间流逝，哥德巴赫猜想变得越来越重要，对于大数字来说，$\pi(n)$ 近似等于 $n/\ln n$ 成为质数定理，而没有对其意义作出详细说明。

▼ 流浪汉与展示箱

一直要等到 1949 年，阿特勒·塞尔伯格（Atle Selberg，1917—2007）和保罗·埃尔德什（Paul Erdös，1913—1996）才合作得出了该定理的初等证明，也就是说使用尽可能少地超过猜想表述的理论。埃尔德什这个数学怪才值得我们宕开一笔，专门讲讲。他是犹太裔的匈牙利人，被迫离开故土，先是在英国落脚，后来又来到了美国。自 1963 年起，他就居无定所，带着两个箱子孤独地旅行，四处参加会议，不是住在酒店就是暂居于朋友家里。每当他遇到一个不认识的数学家，就会问对方："你呢？你有什么定理？"而不论对方如何回答，他的回应总是发人深省，哪怕像他对我们下文要提到的叙拉古猜想所评价的那样："数学还没有做好准备迎接它！" 88 岁那年，他在一家旅馆的房间里去世了。以埃尔德什命名的数与其说与数学有关，不如说与整个数学家群体更相关（见引文《埃尔德什数，你离埃尔德什有多远？》）。

埃尔德什数，你离埃尔德什有多远？

埃尔德什数是数学圈钟爱的娱乐项目。埃尔德什的一大特点就是拥有许多合作者。在他一生中，大约有 500 名数学家与他合作发表过论文。这样的多产在数学界可不多见。于是有些人就想出一个主意，定义一个埃尔德什数，用来表示每个数学家与埃尔德什的亲疏关系。

埃尔德什数是这样计算的。首先，以埃尔德什为 0，所有与他合作过文章的人埃尔德什数为 1，而其他与埃尔德什数为 1 的人合写过论文（但没有与埃尔德什合作过的）的人埃尔德什数是 2。依此类推，永无止境。

计算结果显示，数学圈相对来说还是很紧密的，因为似乎没有找到大于 7 的埃尔德什数。有一大部分研究者，比如从未与他人合作过的数学家，没有计算在内。当然，每个人的数字大小取决于计算时参考的论著、期刊、会议论文，但是任何一个数学家发现自己的埃尔德什数比较小，哪怕是因为一篇年轻时发表的无关紧要的论文时，都会感到心中一阵刺痛！

这种"社交邻近"并非数学家的特权。我们可以定义各种能呈现两个人之间距离的数。比如在社交媒体上，存在着"朋友关联"度。在任何社交媒体上，都可以计算这种距离。1929年，埃尔德什的同胞、匈牙利作家弗里杰什·考林蒂（Frigyes Karinthy，1887—1938）提出理论：在地球上随机挑选两个人，他们之间的距离永远不会超过 6。这一"六度分隔理论"闻名于世，说明这个世界（的的确确）太小了！

在我们尝试估算质数到底有多少之前，另一个谜团也一直困扰着早慧的数学家约瑟夫·伯特兰（Joseph Bertrand，1822—1900）（他 11 岁时就已经在巴黎综合理工学院旁听课程了！）。伯特兰思考着两个连续的质数之间是否存在某种隐藏的关系，并提出猜想："一个质数与它之后的质数之差不可能大于前者。"要证明这一猜想，就等于要证明在 n 和 $2n$ 之间存在质数。直到 1849 年，数学家用函数来限制 $\pi(n)$（小于 n 的质数的数量）才能证明伯特兰的假设（见下文引文文字）。稍后数学家对 $\pi(n)$ 估算过程进行了优化，结果也显示，对于一个足够大的 n 来说，$[1, n]$ 区间里包含的质数多于 $[n, 2n]$ 区间里包含的质数。

一个质数与它之后的质数之差不可能大于前者。为了证明这个猜想，必须证明在 n 和 $2n$ 之间存在质数，即证明 $\pi(2n) - \pi(n) > 0$。勒让德猜想——对大数字来说，$\pi(n)$ 趋向 $f(n) = n/\ln n$——意味着该结果为真：$f(2n) - f(n)$ 之差值总是正的。然而，这不足以保证所有 n 的值都符合该结果。一直要等到 1849 年，帕夫努季·切比雪夫（Pafnouti Tchebychev）提出 $\pi(n)$ 在 $0.921f(n)$ 和 $1.106f(n)$ 之间（对于 $n \geq 30$），最终证明了伯特兰的假设。这一限制能缩小 $\pi(2n) - \pi(n)$ 的范围，并由此推断出它绝对是正值，所以结论成立。

▼ 一百万美元

有朝一日，我们能为质数王国画出一张完整地图来吗？我们能在地图上的蜿蜒小径里嬉戏，同时也对广阔疆土里暗藏的秘密了然于胸吗？如果你希望跟随勒让德和埃尔德什的脚步，你要知道并不是只有数学天才才关心这些问题。虽然数学家通常不为金钱所惑，但克雷数学研究所仍然悬赏 100 万美元，征集黎曼猜想的解答，如果能证明该猜想，人类对质数的认识将迈进一大步。

黎曼猜想源自数学家伯恩哈德·黎曼（Bernhard Riemann，1826—1866），他最感兴趣的莫过于复变函数。黎曼成功地在质数分布与某个复变函数之间建立关系，惊艳了全世界。质数分布是一个纯算术问题，所以冒出一个复变函数，而且还是一个对数函数，令举座皆惊。从此以后，涉及的函数被称为黎曼 ζ 函数。我们在后文还会详细介绍。先让我们来看看在真实平面里的这一函数：

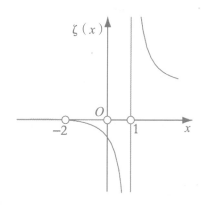

黎曼 ζ 函数在真实平面里的图像。它有一条 x=1 的渐近线

能让你一夜暴富的黎曼猜想落在使该函数取值为零的地方。ζ 函数有一些真实的 0（即使函数取值为零的数），很容易找到：负的偶数整数，如 -2、-4 等等。黎曼猜想，所有其他 0 都是实部等于 1/2 的虚数。看上去与算术没什么直接关系对吧？这正是质数的完美丰富之处。即使黎曼猜想在前 100 万个 0 里已被证实，它仍然是一个猜想，也就是说没有人成功证明它。如我们在序言里说过的，它是克雷数学研究所悬赏重金的千禧年大奖难题之一（后文还会介绍其他六个难题）。

如果我们能进一步了解了 ζ 函数的 0，会带来什么样的结果呢？不可限量。我们就可以解决关于质数的许多猜想，如哥德巴赫猜想或孪生质数猜想。更实用一点来说，证实了该猜想，就能取得在整数因式分解上的重大进步。这将会产生实际的好处，因为保护银行交易和互联网信息的密码就建立在因式分解的重重困难之上。但是别担心你的银行账户会被一个数学天才清空：对 ζ 函数里 0 的认识还不足以让银行陷入危机！

▼ 质数接受测试

我们把最重要的问题留到最后：怎样才能知道一个数是不

是质数？如果将所有设想到的除数一一试过来，那么一旦数字达到十几位，哪怕电脑也无能为力。而密码学等应用却需要使用到数百位长的数字。幸运的是，有一些测试能分析这样的庞然巨兽。这些测试基于一个古老的定理，这个定理以其发现者皮埃尔·德·费马（Pierre de Fermat，1601—1665）命名。

费马是一名法官，只在业余时间才研究数学，当时大部分数学家都是如此。他的小定理（相对费马的另一个定理而言，后文将会介绍）只需几行就能说清楚。其灵感来自一次观察：一个偶数的平方永远是偶数，一个奇数的平方永远是奇数。换句话说，如果 x 是一个整数，那么 x^2 和 x 被 2 除后，余数相同。一直到这里，都没什么了不起的。3 也是同理：x^3 与 x 被 3 除后，余数相同。反过来，4 却并非如此，因为 $2^4=16$，与 2 被 4 除后，余数不相等（分别为 0 和 2）。等到 5 时，又成立了，而 6 不成立，7 却成立，等等。费马猜想证明，该结果对所有质数都成立，更确切地说：如果 p 是一个质数，那么对于所有整数 x 来说，x^p 和 x 被 p 除后余数相等。

那么这和判断一个数是否质数的测试有什么关系呢？这样说吧，该定理说明，对于 2 和 $p-1$ 之间的任何一个整数 x 来说，$x^{p-1}-1$ 可以被 p 除尽。所以要想验证 p 是否质数，就是要测试当 x 的值为 2，3，……，$p-1$ 时，$x^{p-1}-1$ 能被 p 除尽。

这项测试无法手写计算出结果，但是设计一个这样的程序不是什么难事。计算所需的时间就是 p 的位数多少有关，这可比埃拉托斯特尼的经典筛法要快捷多了。

然而，有一个关键，而且还相当要紧：这个测试并不总是能……得出正确结果！哎呀！更确切地说，如果测试结果为"假"，那么这就意味着 p 是一个合数。反过来，如果测试结果为"真"，那么并不能保证 p 一定就是质数。比如，$2^{340}-1$ 能被 341 除尽。但是，341 是 11 和 31 的乘积，所以并非质数。

要想绕过障碍，有一个办法是研究 p 并非质数时得到"真"值的概率。实际上，概率极低。确切来说，对一个从 1~250 亿里随机挑选的一个数来说，p 并非质数却得到"真"值的概率为 2.10^{-5}。为了减少"错误率"，有一种可能就是用不同的 x 值，反复进行测试。

另一个我们现在经常使用的质数测试是上述方法的改良版。这都要归功于以色列数学家、计算机科学家迈克尔·拉宾（Michael Rabin）和美国计算机教授加里·米勒（Gary Miller）。拉宾－米勒检验法重复 k 遍后，就能判定 p 是否质数，而差错率约为 $1/4^k$。这一技术仍有出错的可能，但是对于"小"数字来说，很容易推出一个决定型测试。三名印度研究者沿着这个方向探索，于 2002 年找到一个放之四海而皆准的决定型检验法，称作 AKS [名字来自三位作者的首字母：阿格拉沃尔（Manindra Agrawal），卡亚勒（Neeraj Kayal）和萨克塞纳（Nitin Saxena）]，所需时间与拉宾－米勒检验法相仿。三名科学家因这项工作被授予享有盛名的哥德尔奖。质数也许不能被整除，但是它们绝对能让奖杯翻倍……

被历史遗忘的计算方法

如果你一口气从第一页读到这里，那么告诉你一个好消息，现在你可以让脑神经放松一下了。在前几页的抽象问题之后，让我们回到具体的世界里。接下来你将会读到大部分关于数学的书闭口不谈的内容。可是，（几乎）没有什么比这些"小透明"对古代人更重要的了。那么被历史打入冷宫的到底是什么呢？当然就是计算方法啦。最早的计算工具无疑应该是手指（这就解释了为什么我们会使用十进制）和小石子，计算就由此得名（拉丁语里 calculus 意为"石块"）。

首先要说明一下。直到现在为止，我们都以欧几里得的方法来思考数学，也就是说撇开计算的那面不谈，后者被古希腊人称为"逻辑斯提"，地位较低。用一种不符合时代精神的眼光来看，这种高低之分预示了纯数学和应用数学之间的现代区分法，虽然从没有人摆到明面上说，但言下之意就是应用数学是不纯粹的。话虽如此，计算方法在欧几里得的时代就已经存在了。

让我们回到石头上来。当人们开始使用石头计数，他们很快想到把石头排成列，代表数个、数十个、数百个等等。这种排列习惯孕育了计算器的祖先：算盘，即一些可以在里面点数的表格（里面不一定装满了石块）。在希腊，人们一般在沙盘表格里按下圆点。

在算盘上计算215与46之和，分为两步

算盘的优势在于，能够用它实现四则运算……这可不是件容易事儿！四则运算里最轻松的加法要分成三步：将两个运算数分列表示，把每一列的石块混合在一起，如果有一个格子里有 10 块石子，就进一位，拿走这 10 块石子，并放 1 块到高一级的格子里。

▼ 日本算盘

算盘一直沿用到现在，尤其是在亚洲广泛使用的珠算算盘，其中最完善的要数日本算盘。在一个日本算盘上，要想得出从 0 到 9 的所有数字，只需上一珠、下四珠，上一珠当五，下一珠当一。那么如何表达数字呢？在每根档上，我们拨动中间的横梁两侧所需要的上珠和下珠。比如，三个下珠和一个上珠表示 8。在以下两张图里，第一张显示如何拨珠摆数，第二张告诉我们如何得到结果：将第二个数的每一位与前一个数的每一位分别相加，不要忘了进位。

日本算盘的效率令人惊叹。一个训练有素的人算起加减法来比计算器还要快！乘法和除法会花费多一点时间，但结果也是唾手可得。

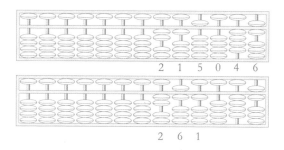

2 1 5 0 4 6

2 6 1

有13根档的日本算盘，图为演示215与46相加的过程

　　在西方，算盘逐渐被淘汰，在中世纪和法国大革命期间让位于我们如今常用的、与阿拉伯数字有关的算法。算法一词来自花拉子米[1]。花拉子米虽不是发明者，却经常使用它。算法其实可以看作烹饪配方的数学严谨版本。

　　在西方，第一部关于阿拉伯数字使用方法的著作诞生于1202 年。奇怪的是，其作者莱昂纳多·斐波那契（Leonardo Fibonacci，1175—1250）将这本书题作《算盘全书》，可他并未使用算盘，而是采用了与新体系有关的算法。该著作在当时遭遇惨败，有些城市如佛罗伦萨，甚至明令禁止银行家使用阿拉伯数字，因为民众怀疑他们心怀不轨，有所隐瞒！

　　从此两个阵营激烈对抗起来：一方是算盘派（拥护古罗马的算盘），另一方是演算派（支持阿拉伯数字）。纷争持续了

「1」算法（algorithm）与花拉子米（Al-Khawazimi）读音相近。

数百年，最终后者大获全胜。在他们的影响下，演算传播开来，发生了改变，在 17 世纪成形，变作我们今天看到的模样。在小学里，当一个学生学习如何使用长除法时，他不知不觉中正在举起当年那些计算造反家的火炬。

▼ 无重要性

那么这个新体系究竟有什么优点，让演算派甘愿将老祖宗传下来的算盘赶下神坛呢？首先因为数字书写起来十分方便经济。它基于 10 个数字（0、1、2、3、4、5、6、7、8、9）的使用，以及位值制计数法。举个例子，1025 表示 1000 加上 2 个 10 加 5，古罗马人记作 MXXV。理论上，两者没有什么显著的差别，除了节省了数字：I、X、C、M 等都被记作 1。这个记号所处的位置赋予其价值：1、10、100 或 1000。有赖于这个体系，只用 10 个阿拉伯数字就能书写任何一个数字，而如果使用罗马体系，那可真的是没完没了了！

事实上，演算派之所以能这样记录数字，多亏了一个不起眼却改变了一切的发明：零。零确保了比如 100 这个数字里的每个位置都被占据。在此之前，还没有任何办法清晰地表达出 100 由 1 个百、0 个十和 0 个 1 组成（0 带有一种抽象的意义，因为它表示没有石子）。

除了节省数字之外，新体系的优势还在于简化了算法，使得加减乘除这些常见运算易如反掌。另外，运算结果还能以独立的方法进行验算。

去九法：以前的学生是如何验算计算结果的

该方法现在已经已经退出教学方案了，但是直到 20 世纪 70 年代初现代数学改革前，课本里还能见到它的身影。这是一种迅速检验法，可以知道一道乘法题的结果是否正确：去九法。它的原理很简单，基于对数字的简单验算。我们来举个例子吧，比如现在要验算 3075 × 143=439725 是否正确。

首先，我们用所有数字之和来代替每个数字，如果数字比较长，那么就不断重复这一步骤。3075 变成 3+7+5=15，既然 15 是一个合数，就用 1+5=6 来代替它。143 可以对应写成 8。用这样的方法，3075 × 143 就相当于 6 × 8，也就是 48=12=3。

在第三步也就是最后一步里，我们也对乘法的假定结果如法炮制：439725 被 4+3+9+7+2+5……=3 代替。我们得到了与前者相同的结果，满足了去九法。

学生习惯于以画十字的方式使用去九法。第 1、2、3 个箭头对应我们刚才所举例子里的不同步骤。

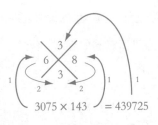

去九法

实际上，去九法并不是真正有效的验算法。哪怕结果满足去九法，也不能保证它就是正确的。可能正好凑巧两者的结果相同。其实，只有当运算出错的时候，去九法才能验算出来。去九法也用来验算加法。我们不是把两个数字相乘，而是相加。用去九法……也许并不能完全避免你戴差生帽[2]。

▼ 俄罗斯乘法

数世纪以来演算派发明的计算方法并没有独霸我们今日的学校。"俄罗斯乘法"提供了一个替代算法的例子。直到最近，在法国的学校里还在教授这种方法，它在俄罗斯也很常用。它的关键是把乘数分解成 2 的乘方。以 253 乘 13 为例，我们先把两者中较小的数写作 2 的乘方之和。运算就变

---

[2] 法国学校里老师惩罚学生时会给学生戴上一种锥形帽罚站，直译为"驴帽"。

成 253 ×（8+4+1）。接下来就剩下计算 253 与 2、4、8 的乘积，然后把它们相加。最终，运算归结于简单的与 2 相乘的乘法!

```
2 5 3  ×    1              =    2 5 3
2 5 3  ×    2  =    5 0 6
2 5 3  ×    4  =    5 0 6  × 2 = 1 0 1 2
2 5 3  ×    8  = 1 0 1 2  × 2 = 2 0 2 4
2 5 3       1 3            =    3 2 8 9
```

俄罗斯乘法

俄罗斯乘法有时候也叫埃及乘法，因为我们在莱因德数学纸草书里也找到了它的踪迹。所以说，我们今天使用的计算方法并不是演算派从零开始创造的。有些恰恰是从扎根于古代的方法里演化而来。

▼ 其他运算

除了这些进行常见四则运算的方法之外，更精细复杂的计算算法在古代就已经出现了，比如用于计算平方根的方法早在公元 1 世纪就由希腊人希伦（Héron）发明了，他不仅是一个工程师和数学家，还是《星际迷航》的先驱（他早早设想出科幻电影中的滑动门——用一个基于气压原理的机器来自动打开神庙的大门）。他的平方根计算法大概能解释巴比伦人是如何计算出了 2 的平方根的。我们可以把它描述成一种对现代计算方法的预想，虽然在古代人心目中，它是以几何为基础的。因为对他们来说，确定 2 的平方根首先就是要找到一个面积为 2 的正方形。

让我们用两个正方形来说明吧。一个正方形的边长 $AB=1$，另一个正方形的边长 $AC=2$。那么我们就要思考，哪个正方形的面积正好等于 2。

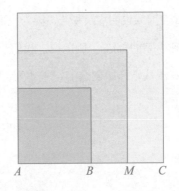

要想尽量接近面积为 2 的正方形，符合逻辑的做法就是设想一个边长为 AM 的正方形，M 是 BC 的中点。因为 $AM=3/2$，所以对应的正方形面积为 9/4，比 2 大，所以我们要找的正方形就在边长为 1 和边长为 3/2 的正方形之间。希伦想到在这个新的范围里重新进行运算。用现代术语来说，

这样就得出了一连串 2 的平方根的近似数。在第四步，我们得到 1.414216，完全能解释在上文分析过的巴比伦黏土板里找到的数字为何会如此精确了。

用于计算整数相加的高斯算法

三角形数是可以排成一个三角形的一定数目的点。这些数字会通向一个"神奇的"的发现，因为它简单又美：怎样快速计算从 1 开始的一系列整数之和？

如果我们把一个三角形数的副本倒过来，粘贴在另一个三角形数旁边，就得到一个长方形。得出 2×（1+2+3+4）=4×5，由此求得 1+2+3+4 的和。这个公式很容易普遍化。这个易如反掌的几何操作帮我们证明了，前 100 个整数之和等于 100×101，再除以 2，也就是 5050。

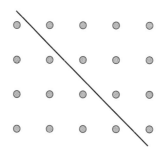

这个计算方法有时候被称为"高斯方法"，因为它与大数学

家卡尔·高斯（Carl Gauss，1777—1855）的一则逸事有关：高斯读小学时，他的老师为了清静一会儿，要求全班同学计算从 1 到 100 相加之和。可惜老师的希望泡汤了，高斯很快就发现了窍门，能省去 99 次运算！

不过当然了，这个方法其实古已有之，每代人里都会有少年重新发现它，但是像高斯小小年龄就窥破其中奥秘的可是很少见的呢！

▼ 对数的乘方

除了演算派的贡献之外，另一个里程碑在计算法历史上也留下了浓墨重彩的一笔：对数的发明。发明者是迈克尔·施蒂费尔（Michael Stifel，1487—1567）和约翰·纳皮尔（John Napier，1550—1617），虽然人们传统上把功劳归于后者，因为他列出了第一个对数表，这足足花了他四十年的功夫！对数的厉害之处在于，它把乘法变成了运算起来容易得多的加法。十进制对数（还有其他类型的对数，尤其是纳皮尔对数，并不以 10 为底）的定义很简单：当 $x=10^a$，那么 $\lg x=a$。这样一来，$\lg 1=0$，$\lg 10=1$，$\lg 100=2$ 等等。以下为对数表的选摘：

x	2	3	4	5	6	7	8
log x	0.301030	0.477121	0.602060	0.698970	0.778151	0.845098	0.903090

对数表部分摘录。我们可以验算lg4=2lg2和lg6=lg2+lg3

1630年威廉·奥特雷德（William Oughtred，1574—1660）根据对数的用法设想出的计算尺，令工程师的工作发生了天翻地覆的改变。这是一种由两把尺组成的小工具，一把尺是固定的，另一把尺是滑动的，每一把尺都根据对数标度来标出刻度。只要简单地移动一下滑动尺，就能把任何一个乘法运算变为加法运算。计算尺大大简化了在最现代的形式下的许多种类的运算（平方根、立方根、三角函数……），堪称工程师必备的"瑞士军刀"，直到20世纪70年代电子计算器横空出世，它才退出历史舞台。

在电脑诞生前，对数广泛应用于所有要求大量计算的领域，比如海上航行、土木工程、军事工程（尤其是计算炮弹的弹道）和天文学。人们使用对数表……只可惜它并不总是尽

善尽美。在当时，对数表是手工制作的，存在不少错误。不止一次沉船海难是由航向计算不准确引起的，而罪魁祸首正是对数表。

为了减少人为错误，查尔斯·巴贝奇（Charles Babbage，1791—1871）着手发明进行对数运算的机器。不幸的是，他的计划只停留在纸面上。巴贝奇机器可以算是科学计算器和电脑的鼻祖了，只不过为技术所限，未能成功运作。其中第一台差分机就是基于从函数之差出发的函数表。1991年科学家在巴贝奇的设计图上略作修改，终于制作出了差分机，并且成功运行了。

巴贝奇机器还有一些粗糙的前身，也是由齿轮传动系统搭建成的，比如布莱兹·帕斯卡（Blaise Pascal，1623—1662）于1642年发明的机器，只能进行加法和减法运算，而且也很不可靠，还有戈特弗里德·莱布尼茨（Gottfried Leibniz，1646—1716）的计算器，它能进行四则运算。

能够全面运行的计算机要到19世纪末才诞生。然而，在1901年，希腊的安提基特拉岛附近的古沉船里发现了一台奇怪的机器，仿佛来自远古的回响。当科学家在20世纪50年代把这台机器的82个零件脱氧处理后，发现一个由刻度盘、轴、发条壳、指针组成的设备，让人联想到文艺复兴时期的天文钟。2005年，研究者扫描了这些零件后将其重新组装起来。

这是人类所知最古老的齿轮机械。它为包括太阳和月亮在内的某些星体的运行轨迹建立了模型。简言之就是一种计算机。这个发现彻底改变了我们对古希腊科学的认识，它无疑比我们长时间以来所认为的要更注重应用。

抽象的诞生

数学家之间流传着一个老笑话，讲一个乘热气球旅行的人迷了路，瞥见地面上有一个过路人，就向他大喊："劳驾，您能告诉我，我现在在哪儿吗？"过路人思考了一会儿，回答说："当然……您在一个热气球上。"热气球上的人马上说："您是数学家？""是，您怎么知道的？""原因有三：您花了很长时间才回答我，您的回答逻辑上无懈可击，但是……一点儿用都没有。"

虽然这个笑话有点过时，但这种自嘲的精神还是很值得欣赏的。对于新近才领略数学之美的信徒来说，它传递的信息似乎是：数学什么用也没有。而实际上，这个笑话想告诉我们的应该是：对数学家来说最重要的是准确、绝对的确定性，而不是实际应用。安德鲁·怀尔斯（Andrew Wiles）明知道费马大定理已经被所有人认可，却仍然一心要证明它，哪怕这件事看上去徒劳无功，而且三个世纪以来从来没人做到过，但是他毫不气馁，足足花了七年时间默默研究，终于完成这项壮举。在一个数学外行看来，他的努力与镜花水月有什么区别！

数学是在哪个时刻变得抽象的？我们倾向于认为数学抽象化是新近发生的现象：数学作为一门学科有一段粗糙的、全凭经验的史前史，现代数学的时代随后才来到，其特点是脱离物质，进入抽象。然而这样想就大错特错了。

早在很久以前，古希腊人就从具体的、纯技术的思虑转向了对真理、无可辩驳的真理的探寻。所以柏拉图才会在他教授哲学的学院的三角楣上刻下"不懂几何者不得入内"。懂几何者即寻找真理之士，有如哲学家。

令人惊叹的是，数学的抽象化并非横空出世，从天而降，到达知识的场域，相反它是逐渐变得抽象的，从古代那些非常具体的问题开始就萌发了。这些问题虽然表面看上去很简单，但是与人们之前提出的所有问题都有所区别，出乎意料的深刻令人头晕目眩，让不止一个数学家陷入惊惶。这些问题让人类第一次体验到"真正的头疼"——如果这种说法不算太过分的话。

数学家因此辗转难眠，他们只得发明出全新的概念才能与之较量一二。零和虚数这样的奇特创造就是他们绞尽脑汁的成果，此外还有更难以捉摸的，比如数学不可能性。抽象源自具体，这就是数学史要告诉我们的悖论。

这一切都要从毕达哥拉斯犯下的一个错误说起……

不可能的眩晕

这一概念不可能是世界上最抽象的东西之一。如果你想体会一下，请试着告诉你的猫，由于某些并非出于你本意的原因（比如没有时间买猫粮或者你的车在半路上抛锚了），你没法给它提供食物了。加油！祝你好运！

在日常生活中，承认某件事确确实实不可能，并不是那么容易的。通常来说，如果我们遇到一个棘手的问题，我们会对自己说：再努力一把或者再多花一点时间，困难一定会被克服。我们很少会认为，一个问题完全超出我们的能力范围。

数学家也是一样，他们习惯于这样思考。他们接受某些命题是伪命题，而且永远是伪命题，无论从何种角度去看待它。这要求我们保持一颗谦卑的心，所以数学家花了不少时间才相信，在数学上真的存在不可能。这一思维转变的起点可以追溯到古希腊人，契机是一些关于长度和面积测量的问题。

▼ 草地上的羊

毕达哥拉斯与所有早期的数学家一样，认为万物皆数，如目所见。这一观点让他思考，无论什么量（长度、面积等），都能通过一个"简单的"倍乘因子变成另一个量。上一句话里的引号为我所加。我接下来要举的例子只是为了说清楚问题，毕竟毕达哥拉斯的推理过程比较抽象。假设毕达哥拉斯要根据边长为 AB 的草地的价格来设定边长为 AC 的草地的价格（下图只显示了土地的边，纵深是不变的）：

为此，草地的所有者就需要知道那块地占了多大的比例。要找到答案，毕达哥拉斯首先把 AB 分为以 AU 为单位的一些小块，然后指出 $AB=3AU$，而 $AC=8AU$。于是他坚信必然存在一个点 U，能让 AB 和 AC 等于 AU 的倍数。用现代术语来说，毕达哥拉斯依据的原则是所有长度都是可公度的（见下文引文文字）。然而我们现在知道，他弄错了：有些数字不适合这种套娃游戏。

如果我们能将一个量乘以某个整数比，得到另一个量，那么这两个量就是可公度的。在草地的例子里，AC=（8/3）AB。8/3 这个比值在我们今天被称作有理数，但在古代并不具备数的地位。根据泰勒斯定理，当两个长度是可公度的，那么就能利用（无刻度的）尺和圆规，从一个长度出发得出另一个长度。

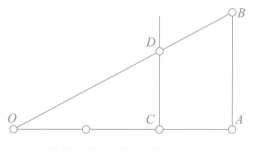

举例说明线段*CD*等于*AB*的三分之二

▼ 展开的信封

毕达哥拉斯的错误很容易用源自古希腊的另一个小问题来说清楚，见于柏拉图《美诺篇》：我们需要复制一个正方形，使得其面积是已知正方形的面积的 2 倍。如果用几何方法来解，那么答案很简单，只要画一张图就明白了：从第一个正方形的对角线出发，构建一个新正方形。集合了两个正方形的下图看上去像一个封盖展开的信封：

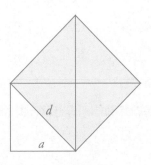

根据毕达哥拉斯定理，$d^2=2a^2$，其中 a 为正方形边长，d 为对角线。如果毕达哥拉斯是对的，那么 a 和 d 就和其他任何数字一样，是可公度的。此处开始的数学推理非常精妙，也是此类推理里最古老的例子之一。虽然我们不知道这两个数是多少，想象一下将 $d^2=2a^2$ 进行因式分解，让我们计算因子 2 在等号左右两边的出现次数。在 d^2 里该数值是偶数，因为每次在 d 里出现，都会因为与 d 自己相乘而翻倍。在 a^2 里也是同样的情况。把这个量乘以 2，就等于又增加了一个，所以在 $2a^2$ 里有奇数个 2。等式 $d^2=2a^2$ 就变得不合逻辑了：2 的数量即是偶数（在 d^2 里）又是奇数（在 $2a^2$ 里）。

既然走入死胡同，那么说明开始的假设，即 a 和 d 必然是可公度的，不能成立。换句话说，毕达哥拉斯搞错了：不可公度的长度的确存在。寻找即使永无止境，也不再重要了：找到一个能让 a 变成 b 的"简单的"倍乘因子永远不可能做到了。

毕达哥拉斯信奉的"万物皆数"直到现代才重获新生，当其他"东西"被纳入数的范畴，尤其是正方形的对角线与边长之比，2 的平方根，被我们称为无理数，并非因为该数字不讲道理，而是因为它不是一个整数比。在"有理"一词里，还有分享的意思，如"定量"[1]。至于现代概念 $\sqrt{}$，它来自平方根（racine）的首字母 r，源于 16 世纪，于克里斯托夫·鲁道夫（Christoff Rudolff，1499—1545）的一篇论文里首次出现。

▼ 希腊人的盲目

还有其他数学上的不可能被困于思维窠臼的希腊人无意或故意地忽略了。但是在此之前，先让我们稍逗留片刻，看看他们意识到毕达哥拉斯的错误后是如何反应的。正方形的对角线虽然是无理数，却可以利用尺规作出图来，也许正是因为

「1」法语里"有理"（rationnel）与"定量"（ration）的拼写相似。

这个原因，这些数学家用可以尺规作图的标准代替可公度的标准。对古希腊人来说，解决一个难题就变成了用尺规作图的同义词。

具体方法如下。首先绘制一个由一些点（至少两个点）组成的图形。然后要求利用（没有刻度的）尺和圆规来作图，以解答与该图形相关的问题。比方说，我们能在只知道一条边 *AB* 的情况下，用三次圆规和两次尺，画出一个正方形的对角线。这种作图法能够复制出那个正方形来（虽然并不尽善尽美，但胜在简洁）。

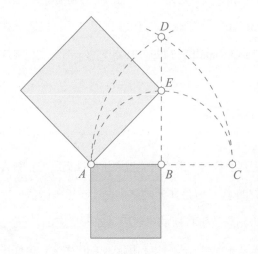

这样的作图法只能得到近似值。除非在理想情况下，否则完全精确是谈不上的。对于古希腊数学家及其继承者来说，

在这些物件（尺规）背后隐藏着一些概念，可以用抽象的方式来定义：从两点之间最短的距离的概念出发。在柏拉图设想的理念世界里，使用尺规的作图法可以达到完全精确。

这些理由常常被用来解释为什么古希腊人只青睐这些工具。但它的缺点也适用于其他工具，如角尺，但是古希腊人却对后者不屑一顾。事实上，只使用尺规来作图的深层原因和数学无关，而是来自神秘主义的观念。当时，只有圆和直线被认为是完美的形状。

对毕达哥拉斯学派来说，圆还与"一"有着紧密的联系，所以象征着神性；而直线则象征正直不阿和端人正士。古希腊数学家深信，所有的量都应该由尺规作图得出。这个想法虽然已经被时代抛弃，但不少跨越三千年被宣布不可解的难题却与它有着千丝万缕的关系。这就是我上文提到的数学的不可能。

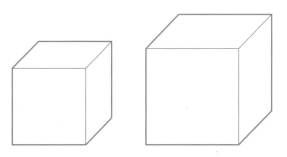

倍立方体，就是做出一个体积为已知立方体2倍的立方体

▼ 不可能的巨大挑战

此类问题共有三种，如下所示：倍立方体，三等分角（将一个角分为三等分），以及化圆为方，即将一个圆形化为等面积正方形。古希腊人忠于传统，规定必须用尺规来解答这些问题。如果没有这个限制，这三个问题很容易用代数学来解决（一个法国初中四年级的学生就能做到）。所有的困难都集中在必须用几何作图法来解题。

原因自不必说。到了两千年之后的 19 世纪，人们终于证明倍立方体、三等分角和化圆为方不可能用尺规作图来完成（见下文）。在此前的很长一段时间里，数学界将"化圆为方"作为无解难题的同义词（以至于法国科学院在 1778 年决定不再研究化圆为方的所谓证明）。

正如我们在上文里讲过的，古希腊人的固执源自他们对工具使用的执着。他们虽然一直未能画出一个与正方形面积完全相等的圆，但仍然坚持用近似法作图。因为我们能用分数来逼近任何一个量，使得这一做法成为可能。

举个例子，阿基米德（见下页引文文字）无法根据圆的半径计算出其面积，他提出了圆内接正多边形的设想。用现代术语来说，他严格论证了 π 在 $3\frac{10}{71}$ 和 $3\frac{1}{7}$ 之间。要证明这个双重不等式，他用正多边形来框住圆，如下图所示，但是只能找到一个非常粗略的框（π 在 2 和 4 之间）。

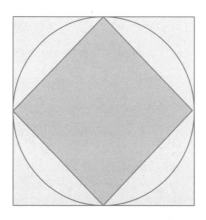

被两个正方形框住的圆

阿基米德（公元前 287—前 212）是一个古希腊数学家和物理学家。他在大众心目中的形象可能是一个在叙拉古的大街上赤身裸体地狂奔并高喊"Eureka"[2]的样子。他在洗澡时发现了如今我们所称的"阿基米德原理"，由此戳穿了混用金子和银子打造王冠的骗子的行径。

在第二次布匿战争期间，叙拉古被罗马军队围困，出于同样理想化的精神，他发明了各种战争器械，其中就有用反射阳光来焚毁远处敌船的巨镜。但这个故事可能只是道听途说，因

---

［2］希腊语，"我找到了"。

为后人为了重现昔日壮举曾屡屡尝试，却从未成功。

我们唯一能确定的就是他在叙拉古陷落后死去。当时，罗马将领马塞勒斯下令饶他一命，但是阿基米德仍被一个罗马士兵所杀。根据普鲁塔克的记录，阿基米德在死前还请求士兵再宽限一点时间，让他解答完一个几何问题……令他苦苦思索的会是前文提及的三大难题（倍立方体、三等分角和化圆为方）之一吗？

▼ 阿基米德螺线

站在我们现在的立场来看，古代数学家经年累月、殚精竭虑地直面三大几何挑战，不可避免会走向失败，因此显得徒劳无功。事实上，这些努力对数学的演变有着深远的影响，无论对我们刚才看到的数字计算，还是对几何学和代数学而言。

让我们先回到古希腊来看看到底是怎么回事。古希腊数学家无法用尺规来解决问题，就发明了其他工具——一些特别的曲线。比如说，阿基米德想象出一种特别的螺线，能将一个角分成三等分。

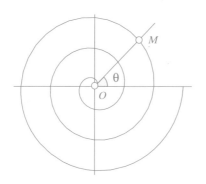

阿基米德螺线：OM 与 θ 角成正比

该螺线的定义纯粹是机械性的：一个点匀速离开射线端点 O 的同时又以固定的角速度围绕 O 点转动而产生的轨迹。

这条曲线如今被称为阿基米德螺线，多亏了它，古希腊人化繁为简，把三等分角问题转变成了三等分线段问题。这样一来，他们终于成功用尺规解答了三等分角问题……但前提条件是要使用螺线。同样，当时也发明出了其他曲线，用来解决另外两个问题——化圆为方和倍立方体。这些曲线分别叫作化圆为方螺线、三等分角螺线和倍立方体螺线。

▼ 成功的密钥——代数

但是对这三个几何问题的研究直到 19 世纪才有了实际性进展，数学家终于能手持论据，证明他们的先辈这两千年来都只是在追逐幻象。证据来自何处？答案是代数。

数学家用代数语言转写了古希腊几何：他们没有用测量术语来思考，还是转向了"可用尺规作图"的数。一个数如果能用尺规作图，那么就能在只使用尺规的情况下，画到一根轴线上，只要 0 和 1 是已知的，2 是一个可造数，但是 π 不是。

这一转写的关键定理由皮埃尔 - 洛朗·旺策尔（Pierre-Laurent Wantzel，1814—1848）提出：一个可造数是一个方程的解，该方程的次数是 2 的乘方。一个方程的次数是这个方程里 x 的最大乘方（比如：方程 $2x^5+3x^2-1=0$ 的是 5 次方程）。旺策尔定理马上就指出了倍立方体是不可能用尺规作图实现的，因为这就等于要画出方程 $x^3-2=0$ 的答案，其中次数（3）并非 2 的乘方。

三等分角的不可作图性也能用相似的方法证明。但是，要等到费迪南·冯·林德曼（Ferdinand von Lindemann，1852—1939）的出现，化圆为方才迎来大结局。林德曼证明了 π 不是任何代数方程的解。根据旺策尔定理这个结果说明了化圆为方是无法用尺规作图实现的。令人吃惊的是，一个深受古代观念浸淫的纯几何问题竟然令后辈数学家如此感兴趣，并投入代数和分析研究。

▼ 历史上最著名的定理

让我们用一个孕育了最闪耀的明星定理的例子来结束这次数学上的不可能之旅。虽然这个问题的历史可以一直追根溯源到古希腊（只此一次，下不为例），但是它真正的起点应该是 1637 年，数学家费马阅读了丢番图（Diophante，生活于公元 2 到 3 世纪）所著《算术》的拉丁文译本。丢番图的著作介绍了一系列精心挑选的谜题，其答案都由一些特殊的例子给出，但是可以放之四海而皆准（当时的记录方法只能做到如此）。

其中一道题目是把一个已知正方形分为两个正方形。该问题其实影射了毕达哥拉斯定理。其答案构成我们上文提到的毕达哥拉斯三元数组（三个数 a、b、c，满足 $c^2=a^2+b^2$）。在丢番图解释如何找到最简单的毕达哥拉斯三元数组（如 3、4、5 和 5、12、13）的段落页边，费马留下脚注道：

相反，任何一个数的立方，不能分成两个数的立方之和（$c^3=a^3+b^3$），任何一个数的四次方，不能分成两个数的四次方之和（$c^4=a^4+b^4$），一般来说，不可能将一个高于二次的幂分成两个同次的幂之和（$c^n=a^n+b^n$）：我已发现了一个非常美妙的证明方法，但是这里的空白地方太小，写不下。

这就是大名鼎鼎的费马大定理，它也许是在数学爱好者里知名度最高的数学问题了。"定理"这个词其实并不恰当，因为这一开始只是一个假设，直到 1995 年才被安德鲁·怀尔斯证明。怀尔斯的证明过程长达数百页纸，所以人们怀疑费马当时并未真的想到证明的方法。然而，他倒是有可能证明了，在三次幂和四次幂的情况下，该定理成立，因为他使用的一个方法（见下文引文文字）提供了一个简单的证明方法。

当怀尔斯发表他的证明过程后，收到了来自整个数学界的一致赞誉，他的研究工作开疆辟土，为以往千差万别的数学领域架设起了意想不到的桥梁。然而，怀尔斯并非承袭自那群受到费马大定理激励、将数学带向全新前景的数学家。

在大约两百年前的 19 世纪初，有个数学家埃尔纳·库默尔（Ernes Kummer，1810—1893）志向远大，想要用算术来概括复数集合。可惜的是，他的证明未能在费马大定理覆盖的所有情况下都成立，但为相关领域带去了全新的实用工具。库默尔、怀尔斯，以及所有继往开来者的研究，充分说明了乍看上去无意义的努力其实至关重要。在数学上，证明某样东西不可能也会带来丰硕的成果。

由费马发明的无限递降法，即从一个已知解出发，确定一个更小的解。以下为证明 $\sqrt{2}$ 为无理数的证明过程，其原理简单而优雅。首先假设 $\sqrt{2}$ 为两个整数 p 和 q 的商，可得方程：

$p^2=2q^2$。这就等于寻找一个边长为整数的等腰直角三角形（斜边为 p，直角边为 q）。在这种情况下，根据下图所示，必须能找到一个更小的三角形（边长为 $2q-p$ 和 $p-q$），依此类推，无穷无尽，这不合逻辑，因为对于一个已知整数来说，小于它的整数的数量必然是有限的。由此可知，一开始的假设是错误的：$\sqrt{2}$ 为无理数。

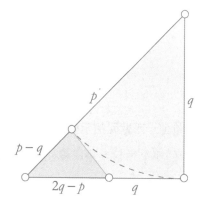

零：一个用来表示无的词

来回答一道价值一千欧元的历史问题吧：在 2000 年，我们庆祝的是耶稣的哪个生日？是庆祝他诞生了 2000 年？错了！耶稣只诞生了 1999 年。换句话说，20 世纪其实是在 2000 年 12 月 31 日结束的，而不是 1999 年 12 月 31 日。为什么会产生这样的混乱呢？因为我们的历法里没有 0 年。决定将耶稣出生的那年作为基准年要追溯到狄奥尼修斯·伊希格斯（Dionysius Exiguus，470—544），那时候零还没有被引入数字体系。所以 0 年并不存在！

如今在我们看来，零是一个显而易见的概念，但是此前数千年以来的人类可不这么想。只要一提起零的概念，古希腊数学家就不知所措了，因为他们害怕隐藏在零后面的虚无和非存在。也许这就可以解释，为什么零的现代版本是在佛教文化里诞生的，这种文化将"空"等同于通向觉悟之路，即熄灭内心中物质欲望之火的唯一方法。1000 年左右，阿拉伯数学家将零引入西方。但事实上，零拥有多个起源，每一种都对应它包含的一个概念。

▼ 美索不达米亚的混乱

零最早被发明是为了解决与数的位置有关的混乱状态。在巴比伦体系（提醒诸位，该体系是六十进制的）中，以下数字

既可以表示 8 个 60 加上 1，即 481，也可以表示 8 个 60 乘 60 再加 1，即 28801。区别只在于，两个数字中间的空白应不应该算？如果应该算，那么第一个数字就表示 60 个 60；如果不算，第一个数字就是 60。

为了避免抄写人陷入困惑，一个表示无的符号（我们未来的零）就很有必要了。转向 45 度的 2 被选中了。以下数字

就没有了歧义，表示 28801。

然而，巴比伦体系仍然不够完美，因为它同时使用了十进制和六十进制。比如，以下数字中

前两个符号可以表示第一个 60 里的 21，也可以第一个符号表示 20，第二个表示 1。必须发明两个 0，才能避免混淆，一个用于 10，一个用于 60，但是巴比伦人共用同一个。生活在中美洲的玛雅人也在二十进制的体系里发明了一个表示位置的零。但是第一个发明我们的零的是印度人。

▼ 空无

最早，印度人发明零是为了将读数补充完整。读数体系从五世纪开始变得常用，它基于梵文中的数字 1 到 9（éka，dvi，tri，catur，panca，sat，sapta，asta，nava），另加一个表示缺失或空无的符号：çunya。首先从个位数开始，举个例子，7509 读作 nava çunya panca sapta。后来，当印度人采用这种方法来书写数字时，顺序就被颠倒过来。

自 9 世纪起，阿拉伯人采用了印度人的数字体系，只是改变了数字的写法，并且把 çunya 翻译作 sifr。这个读数法在 11

世纪传到了欧洲，逐渐取代了罗马数字。在意大利，sifr 变成了 zefiro，也就是我们的零（zero，最初表示"空"）。sifr 也指整个数字体系，法语里的"数字"（chiffre）由此而来。

也是一个数

　　一开始，零是一个标记缺失的记号，是为了方便标记数字的位置，并非一个真正的数字。它的华丽变身要归功于印度天文学家和数学家婆罗摩笈多（Brahmagupta，598—670）。婆罗摩笈多将零定义为一个数减去自己的结果。在他看来，零不仅仅是个位数、十位数或百位数缺省的标记，而是一个真正的数字，在运算中发挥自己的作用。在诗体著作《婆罗摩修正体系》（直译为"宇宙的开端"）中，这位智者给出了零作为正数和负数的四则运算法则（婆罗摩笈多把正数称为财富，把负数称为负债）：

负债减零为负债。

财富减零为财富。

零减零为零。

零减负债为财富。

零减财富为负债。

负债乘零、财富乘零皆为零。

零乘零为零。

在这段文字里很容易辨认出一种符号规则的古老版本。婆罗摩笈多在提及包含零的加法、减法和乘法运算里都给出了正确答案，但是他认为 0 除以 0 等于自己，这点却错了。他的错误在于，认为这些规则取决于哲学意义，可实际上关于零的结果的引申规则都遵从运算一致性。举例来说，如果我们认为，零被定义为一个数字减去它自己的结果，那么与零相加的结果就必然不会改变这个数字。证明起来也很简单，只需要用一个减法的结果，比如说 2-2 来代替 0 就行：

如果 2-2=0，那么（2-2）+2=0+2，那么 0+2=2。

▼ 一个愚蠢的问题

聚焦运算一致性，还能帮助我们确立减去 0 和与 0 相乘的规则。但是该方法还会导向更惊人的结果。举个例子，一个数字的 0 次方是多少？要想回答这个问题，寻思一个数的 0 次方代表什么意义是没有用的，甚至适得其反。其实，理论上说，2 的 3 次方等于 2 与自己相乘 3 次，那么一个数字与自己相乘 0 次又是什么意思呢？如果钻牛角尖钻到这样一个荒谬的问题里，那就注定永远也不会找到答案。

数学家只得打破常规，设想出一个引申原则：关于乘方的计算法则必须为真，即使对零来说也不例外。为了让 2^n 能写成 2×2······乘上 n 次，也包括 0，那么必须假定 $2^0 = 1$。为了确立这种必然性，就必须从 $2^{0+1} = 2^0 \times 2^1$ 出发，由此可得 $2 = 2^0 \times 2$，即 $2^0 = 1$。因此，一个非零的数的 0 次方等于 1。这条规则符合一个微妙的想法，即运算的一般性，在加法、减法和乘法的情况下有所不同：它要求定义一种属性，而非从内在逻辑的考量来推断。反过来，不可能除以零。实际上，举个例子，4/2 被定义为（4/2）× 2 = 4，也就是说 4/2 = 2。那么设想一下 4/0，就必须验证（4/0）× 0 = 4，这显然不成立，因为一个数字乘以零总是等于零。

▼ 那零到底算什么？

正整数用于计数一个集合里的元素。那么就产生一个问题：零算什么？答案很简单：当集合里没有任何元素，即我们所说的空集，符号为 ∅。好吧，你还是可以反驳：一个什么都不包含，并且永远不会包含任何东西的集合到底有没有存在的意义？

如同 0 次方一样，一般性问题其实为空集的存在提供了理由。在此情况中是集合理论。该理论研究对象的总体，而不管它们的性质：首字母为 A 的单词的集合、网络上传播的猫的视频的集合……更具体一点，数学家有时会研究如 $x^2+1=0$ 的方程之解的集合。然而他并不预设答案，也不事先设想方程究竟有没有解（集合可能为空，在这个例子里就是如此，如果我们把范围限于实数的话）。同样，他在求两个集合的交集时，也不会预先设定这两个集合到底有没有相同的部分。不论在哪种情况下，空集都可以用来表示他求解的问题并没有解。

还有一种方法可以定义集合，即列举所有元素。通常我们用大括号来表示。比如 {1，2，3，4} 就是由数字 1、2、3、4 组成的集合。空集的标记法很简单，写作 { }，这种标记法在算法里经常使用。从这一定义出发，如果两个集合拥有相同的元素，则这两个集合相等，所以两个空集必然是相等的。换句话说，空集是独一无二的，这点在理论上可不一定成立。令人费解的是，一个胡萝卜空集与一个赛车空集是相等的！

虽然有点抽象，但是让我们来看看空集如何具体应用。既然空集存在，那么如果我们要定义一个关于集合的运算，就必须考虑到空集。惊人的是，这反而常常简化对该运算的描述，在算法里尤其实用。这是一个有点抽象的概念，但我们可以用一个非常简单的例子来说明：如何确定一个有限集合的子集（见下文引文文字）。

确定一个有限集合的子集

首先，我们注意到空集的唯一子集就是空集本身。接下来我们要描述当添加一个元素 x 到集合 E [假设已知包含子集的集合 $P(E)$] 里时，会发生什么。为了描述 $P(E \cup \{x\})$，我们发现，根据它是否包含 x，$E \cup \{x\}$ 的子集可以分为两种情况。在第一种情况里，我们得到一个 E 的子集 F，在第二种情况里，我们得到一个形式为 $F \cup \{x\}$ 的子集，其中 F 是 E 的一个子集。这样我们就能描述所有 $E \cup \{x\}$ 的子集。该方法可以让我们找到任何一个有限集合的子集的集合。

该定义虽然非常抽象，却能用于列出一个集合里所有子集的实际列表。当然，如果人工手算的话，只能得出该算法失效的情况。然而，当遇到大集合时，它就变得无法回避了。以下是 $E=\{1, 2, 3\}$ 的例子。

E	$P(E)$
$\varnothing$	$\{\varnothing\}$
$\{1\}$	$\{\varnothing, \{1\}\}$
$\{1, 2\}$	$\{\varnothing, \{1\}, \{2\}, \{1, 2\}\}$
$\{1, 2, 3\}$	$\{\varnothing, \{1\}, \{2\}, \{1, 2\}, \{3\}, \{1, 3\}, \{2, 3\}, \{1, 2, 3\}\}$

表格的每一行都根据前一行来填充。我们以算法给出的顺序来罗列这些子集。我们也可以根据大小来排序如下：$P(\{1, 2, 3\}) = \{\varnothing, \{1\}, \{2\}, \{3\}, \{1, 2\}, \{2, 3\}, \{3, 1\}, \{1, 2, 3\}\}$。

▼ 零作为自然整数的基础

从历史上来看，巴比伦人先是把零视作缺失的标记，后来印度数学家将它当作一个数字。19世纪末，当数学基础危机来临时，零还获得了另一个地位。如上文提到的那样，人们试图将数学建立在牢固的公理基础上。关键尤其在于，要正确定义自然整数。但是意大利数学家朱塞佩·佩亚诺（Giuseppe Peano，1858—1932）没有选择这条道路，而是萌生了一个惊人又天才的想法。他用公理法来描述整数（即从一些公设出发），将几乎一切都建立在零的基础上。简言之，在佩亚诺看来，没有零，就没有数。零荣登超级明星的宝座。

佩亚诺并没有试图定义自然整数的集合 N，而是用以下公理来描述。N 是一个集合，包含至少一个元素（记作 0），有一种应用（记作后继数）能验证以下三个公理：

1. 后继数应用是内射的，即如果两个元素互不相同，则其后继数也互不相同；

2. 一个元素的后继数永远不为零；

3. 如果 E 是包含自然数的集合（N 包含 0），且 E 内所有整数的后继数也在 E 内，则 E 包含了所有自然数。

最后一条公理也被称为归纳公理，因为它描述了数学归纳法的关键推理过程。从这些公理出发，佩亚诺定义了代数里的四则运算及其性质。在这种方法中，0 是公理的应用对象。

佩亚诺的定义引起学界争议，因为它只是描述，却没有定义，而且还确认了一种可以质疑的存在。不少数学家倾向于将算术建立在集合论的基础上，集合论最早是由格奥尔格·康托尔（Georg Cantor，1845—1918）公理化的。那时数学家在构建自然数集合，其中最惊人的是约翰·冯·诺伊曼（John von Neumann，1903—1957）的成果，冯诺伊曼二战时为美国军方做出巨大贡献，他改进了我们看待计算的方法，一举成名。他对整数的构建完全建立在空集的基础上：

1. 空集 ∅ 是一个自然数，记作 0。

2. 如果 n 是一个自然数，那么集合 $n \cup \{n\}$ 就是一个自然数，称作 n 的后继数；

3. 任何一个自然数都是由规则 1 和规则 2 构建起来的。

这样描述的集合验证了佩亚诺公理，零又一次充当了一切的基石。冯·诺伊曼的这种构建法证明了自然整数的模型是存在的，他将佩亚诺的方法补充完整了。在数学上，空与虚无是八竿子打不着的两样东西，因为我们能从"空"中推出所有的自然整数。

‹¶¶

创造出虚数的疯狂方程

"当立方在某些物旁／等于某个普通的数／在它里面找两个不同的数……"读起来简直像丹·布朗的小说《达·芬奇密码》里的诗句。然而，这可是白纸黑字、有史可查的。它的作者尼科洛·丰塔纳（Niccolo Fontana），也被称为塔尔塔利亚（Niccolo Tartaglia, 1499/1500—1557）生活在文艺复兴时期的威尼斯。他家境贫寒，全靠自学成才，依靠教授数学课和参加代数竞赛来维生！古怪精灵的他写下这首诗，引导有兴趣的人士探寻一个被当时智者争相破解的数学秘密。

因为塔尔塔利亚是一个文艺复兴时期的典型人物，有时候更乐于追寻快乐，而非醉心于学识的精进，那时的人总是对数学谜题充满了强烈的兴趣。不管是德尔·菲奥尔（Del Fiore）还是吉罗拉莫·卡尔达诺（Girolamo Cardano），要不是他们的嬉戏最终扬帆起航，驶向全新的世界，来到一整片数学的未知之地，这些数学家的名字也早已被历史遗忘。

直到如今，只要一提到复数，仍能让一代代初中生哀嚎连连。想想看那些负数的平方根！只有疯子才会相信这是可能的。巧得很，这些谜题爱好者还真都有一股疯劲儿。

▼ 一个传统的继承人

负数诞生于代数方程，是那些以现代形式呈现的方程（见引文《x、＋和＝的发明》）：诸如 $3x^2+5x+2=7$，其中 x 为未知数。但是为什么叫它代数方程？"代数"一词并非因为使用了未知数，而是阿拉伯数学家花拉子米为解方程而使用的操作（"代数"的词源也可以追溯到阿拉伯语）：代数学家是会操纵方程两边的人，也可以指会操纵人的四肢[1]的人：在西班牙，土法接骨医生仍然被如此称呼。

最简单的代数方程一次方程，如 $2x+1=x+5$。代数学家将

---

[1] 西方语言里，同一个词可以表示"方程的两边"与"人的四肢"。

等号右边的 x 移到左边，得出 $x+1=5$，然后将等号左边的 1 移到等号右边，得出结果 $x=4$。而为了解二次方程 $x^2+6x=7$，代数学家发现 x^2+6x 是平方（$x+3$）^{2} 的开头两项。于是在等号左右分别加上 9，得到（$x+3$）$^2=16=4^2$。以此类推。

古希腊和古阿拉伯的数学家已经知道如何解二次方程，即以 $x^2+px=q$ 这样的形式呈现的方程。他们也遇到了三次方程，但是这类方程的一般解法却要归功于他们的意大利继承者——文艺复兴时期的代数学家。希皮奥内·德尔·费罗（Scipione Del Ferro，1465—1526）第一个解出一个常见三次方程，这种方程被称为无二次项方程，即 $x^3+px=q$，其中 p 和 q 都是自然数。

在详细介绍费罗前，首先要说明所有代数学家，不管是不是意大利人，都拒绝方程有负数解。这种想法一直持续到 19 世纪，拉扎尔·卡诺（Lazare Carnot，1753—1823）还写道："为了真正得到一个单独的负数，就必须在零上切去一个量，或者从无里去掉一些东西，这是根本不可能办到的事。那么如何想象一个独立的负数呢？"但是迟疑最终让位，负的符号变得稀松平常。从此以后，它改变了数的意义，就好像形容词改变了一个词的意义。

x、+ 和 = 的发明

方程的现代标记法是从哪里来的？谁首先想到用 *x* 来指称未知数？谁发明了 +、−、= 等符号？第一个给未知数命名的是古希腊的丢番图，我们上文介绍费马大定理的时候就提到过他。不难想象，要命名一个未知数，即我们不知道的东西，对最早的数学家来说并不是什么理所当然的事。丢番图将它称为 arithmos，即希腊语里的"数"[法语里的 arithmétique（算术）就是由此而来]，并且写下了包含用各种字母书写的未知数和数字的问题。题目的已知条件和证明都是用相当累赘的句子来表达的……

丢番图的传统随后由中世纪的阿拉伯数学家继承，后者改变了用词。公元 9 世纪，花拉子米将未知数称为 shay，意为"东西"。文艺复兴时期的意大利代数学家也使用了同一个词——意大利语里的 cosa。当时深受阿拉伯影响的安达卢西亚人把这个词用拉丁字母写作 xay。勒内·笛卡尔（René Descartes，1596—1650）完成了最终的简化动作，只保留了 xay 的首字母。于是，字母 x 就找到了在数学中的位置，后来又在法律界大展拳脚，并且保留了"被人们寻找的东西（或数字、人）"的意义。

与此同时，从弗朗索瓦·维埃特（François Viète，1540—1603）开始，标记法也逐渐适应了用字母——即用未知字母或甚至已知字母——表示的计算。人们渐渐习惯了最早的 x、y、z 等，以及接下来的 a、b、c 等。运算符号（+、-、× 等），表示相等的符号（=），还有表示不等的符号（<, >），指数的写法（x^2、x^3 等）也出现了。就这样，现代标记法在 18 世纪成形了。为了简便起见，在这章里，哪怕谈到阿拉伯和意大利代数学家更早的研究时，我们也会使用这些符号。

▼ 写在笔记本上的解法

为什么我们没有绝对的证据来证明费罗解开了普遍意义上的三次方程？因为他没有正式公布，而是将自己的发现写在了一本笔记本上，只有身边的亲友才有机会一睹为快。这种做法其实在当时很常见，代数挑战盛行于世，常常伴随着经济或职业上的奖励，因为比赛的奖励往往就是在大学任教的教职。但是那个时代有一种提前出现的 Dolce Vita [2] 之风，奖赏也有可能是一场飨宴……

费罗把三次方程的解法告诉了一个有点多嘴的女婿，后者又传给了他的朋友安东尼奥·玛利亚·德尔·菲奥尔（Antonio Maria Del Fiore）。菲奥尔对此保持缄默，一直等到

---

[2] 意大利语里的"甜美的生活"，指一种放松随意的生活方式。

费罗去世，在参加数学比赛时，使用了费罗的秘密武器，当时的比赛经常会出现由三次方程支配的题目。然而在一次挑战中，他与尼科洛·塔尔塔利亚对阵，就是我们上文提到的诗歌的作者。其实他真名叫丰塔纳，塔尔塔利亚是他的诨号，意为"结巴"，他在1512年法国军队围困布雷西亚时受了伤，导致口吃。塔尔塔利亚是一个比赛狂人，而与菲奥尔的狭路相逢马上就有了决战紫禁之巅的意味。

▼ 比赛

两位数学家各自在公证人那里留下30道题目，要求对方在40天内给出解答。列出的题目全部都是以各种面目出现的三次方程。比如说向丰塔纳抛出的一个挑战是："一个放高利贷的人出借一笔钱款，条件是到年底要还的利息是本金的立方根。到了年底，放高利贷的人收到了800杜卡托，包括本金和利息。那么本金是多少？"

如果我们把利息记作 x 杜卡托，本金是 x 的三次方，那么这道题目的条件就可以写作 $x^3+x=800$。既然这道题目是个现实问题，那么只要注意到 $10^3+10=1010>800$，而 $9^3+9=738<800$，就能确定 x 在9到10杜卡托之间。再尝试几次，就能得出 $x=9.24727$，那么本金就是790.75杜卡托。

当然，哪怕这个答案已经完全能说清楚放高利贷者及其顾客之间的往来生意，但是这并非这道题所期待的解。丰塔纳必须找到一个能用整数、四则运算和根号来表达的精确解。事实上，这个答案在商业交易中也没什么用处，已经进入了纯数学的范畴。下面请看用塔尔塔利亚的方法进行繁杂的计算后得到的解：

$$800 - \sqrt[3]{\frac{\sqrt{12960003}}{9} + 400} + \sqrt[3]{\frac{\sqrt{12960003}}{9} - 400}$$

看上去很能吓唬人吧？费罗只会解一种方程，就是上文提到的那种，而塔尔塔利亚赢得了对战，却放弃了奖赏（他被邀请参加三十场筵席！）。

▼　解法就在诗歌中

塔尔塔利亚一直没有公开他的解题方法，直到另一个人物吉罗拉莫·卡尔达诺（Girolamo Cardano，1501—1576）的出现。卡尔达诺是一个复杂的人物，他既是医生，又是数学家，还是天文学家，他发明了一个以自己名字命名的车辆传动系统。1539 年，他邀请塔尔塔利亚到他位于米兰的家中做客，说服他将秘密透漏给自己，并承诺绝不外传。塔尔塔利亚就作了一首诗：

> 当立方在某些物旁
> 等于某个普通的数
> 在它里面找两个不同的数
> 然后你就习惯了
> 其乘积永远等于
> 某些物的立方的三分之一。

第一行似乎捉摸不透。然而，在阿拉伯数学家的传统里，"物"就是未知数（用现代标记法来说，就是 x），"某些物"就是 x 的整数倍数（也就是 px），而"物的立方"是未知数的三次方（x^3）。第二行（"等于某个普通的数"）引入了一个数，即 q，所以产生了方程 $x^3+px=q$。

接下来的诗阐述了方法……卡尔达诺后来在其著作《大术》（*Ars Magna*）里公布了 [卡尔达诺并不能算是剽窃者，因为他不仅证明了塔尔塔利亚的方法，而且他还探讨了所有三次方程的例子，并且补充了其弟子卢多维科·费拉里（Ludovico Ferrari）的四次方程的解法]。在卡尔达诺公布的方法里，有一种会在数学史上起到关键作用。多亏了一个比其他人更执着的数学家，这一方法引向一个理论上相当离奇的概念：
虚数。

▼ 没有实数解法，然而……

生活在博洛尼亚的拉斐尔·邦贝利（Raphaël Bombelli，
1526—1572）读了卡尔达诺的著作，试图用他的方法来解方程
$x^3=15x+4$。正如塔尔塔利亚在诗中建议的那样（在它里面找
两个不同的数），邦贝利首先写下 $x=u+v$，随后根据塔尔塔利
亚的建议，指定附加条件 $uv=5$（其乘积永远等于某些物的立
方的三分之一），将方程简化为 $u^3+v^3=4$。写下 $U=u^3$ 和 $V=v^3$
之后，就得到一个丢番图之后的经典系统：两个数（U 和 V）的
和与乘积是已知的（4 和 125）。他推断出，U 和 V 是二次方程
$X^2-4X+125=0$ 的解。该方程可以写作 $(X-2)^2=-121$。

邦贝利原本可以止步于此，因为该方程并没有实数解！然
而，他有了一个疯狂而天才的念头，就是继续计算下去，就
好像 -121 有平方根一样。他记下了 $11\sqrt{-1}$，然后根据这个数
得到了 U 和 V，以及 u 和 v。邦贝利发现，$x=u+v$ 能简化为
$x=4$，验证了方程 $x^3=15x+4$。这样一来，一个针对不可能的
数的理论上荒谬的计算，如我们开始说的，就能得到一个精确
的结果（方程也承认其他两个负数解 $x=-2\pm\sqrt{3}$，但是邦贝

利忽略了，因为他只对正数解感兴趣）。

实际上，全新的数字诞生了，虽然人们当时还无法理解它们意味着什么。它们给出能验算的正确结果，所以被纳入了数的大家庭。笛卡尔称其为"虚数"，为了将它与其他数区分开来，因为相比之下，其他数就变成了"真实的数"。就这样，一个概念从纯粹的代数运算中诞生了。

▼　i 上的点

邦贝利使用的 $\sqrt{-1}$ 的标记法在法国中学课本里已经不再使用，取而代之的是 18 世纪欧拉提议的 i，i 作为虚数（imaginaire）一词的首字母，堪当重任。"复数"这个名字来自高斯，他认为数学应扎根于物质现实中，所以并不喜欢当时使用的"虚数"一词。约翰·沃利斯（John Wallis，1616—1703）第一个将这些数用几何法表现成在平面上的点，由此赋予它们一种物质现实。使用了欧拉标记法后，复数就是以 $a+ib$ 的形式出现的数，而 a 和 b 都是实数。

我们用复数集来指代复数整体，因为复数也可以进行四则运算，而四则运算在复数里也具有通常的特点，如结合律、交换律和分配律。此话怎讲？只需要在常用规则之外增加一条：$i^2=-1$。威廉·汉密尔顿（William Hamilton，1805—1865）

想出了这个主意，并且将它普遍化，发明了能描述宇宙旋转的四元数。都柏林有一座布鲁姆桥（现称为金雀花桥）就是见证，因为汉密尔顿是在此桥上散步时灵光一现的，所以他激动之余，在桥上刻下了公式（至少他是这样讲的，因为现如今桥上只留下了一块铭牌以资纪念）。对于懂行的人来说，只要跨过这座桥就能进入一个……"虚"幻的世界。

代数基本定理

发明严格包括复数的复数域到底有没有用？数学家热衷于思考这类在普通人眼里毫无意义的问题。如果目的是解开方程，那么答案是否定的。为什么？很简单，因为我们可以证明复数域包含所有复系数方程的根。

我们将这一特点总结为，复数域是代数封闭的。更确切点说，所有实系数或复系数 n 次代数方程在复数域里都正好有 n 个不同的或混合的解。这一结果被称为代数基本定理。由阿尔贝特·吉拉尔（Albert Girard，1595—1632）首先设想出来，随后由高斯证明。令人惊奇的是，虽然这是一个纯代数结果，但证明它却利用了解析法。

当无限从计算中涌现

"无限令我们的双目惊恐，却令我们的灵魂喜悦。"18 世纪末的作家、哲学家斯塔尔夫人写道。这句格言对数学家也同样适用，他们耗费了大量时间才驯服了这头古怪又可怖的巨兽。无穷大的符号 ∞ 直到 18 世纪才由约翰·沃利斯发明，他从一些类似 8 的曲线中得到灵感，自古以来一代代数学家都为之惊叹。无限的概念并非横空出世。让我们来看看它是如何悄悄进入数学家为了回答具体问题而涂满算式的草稿里的。

▼ 阿基米德原地转圈

圆的周长和面积有何关联？就是上述问题中首先要解决的一个。阿基米德在思考其关联时发现了一个证明，而无限的概念也隐含在其中。证明的大意是将圆分为相等的小曲线三角形。

根据阿基米德的方法，从占了十六分之一个圆的曲边三角形 OAB 出发，令边长 AC 与弧长 AB 相等，从而让 OAB 与直角三角形 OAC 相对应。这两个三角形的面积很相近。假定两者一开始是相等的，虽然我们知道其实只是近似。

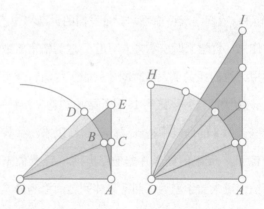

我们发现曲边三角形 OBD 与 OAB 相邻，并且相等，随后作出 E，使 $CE=AC$，得到三角形 OCE，其面积与 OAC 相等，

因为两者的底边和高是相等的。从假设出发，曲边三角形 *OAD* 的面积就等于直角三角形 *OAE* 的面积。依此类推，直到得到四分之一圆 *OAH* 和直角三角形 *OAI* 也相等。

重复以上步骤，直到画完整个圆，该方法得出等式2*A=PR*，这些字母分别表示圆的面积、周长和半径。要注意，阿基米德知道如何分别表示面积和周长，因为有圆周率 π，虽然他并没有为它如此命名（符号 π 直到 1706 年才首次出现在威廉·琼斯的作品中，源自希腊语里"周长"一词的首字母）。

▼ 拒绝无限

如上所述，我们的证明取决于一个我们已知错误的假设，但是我们认为，当弧 *AB* 变得无限小，就能解决问题。我们可以用图像来说明这一概念及其范围：将曲边三角形 *OAB* 转为直线，得到一个曲边"长方形"，边长为 *R* 和 *P*/2。从这个图形就很容易想象，当每一块都无限小的时候，等式就会成立。

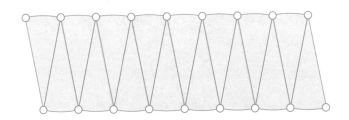

然而，该证明的隐含思想是无限切割，而阿基米德却没有将论证进行到底，最后求助于另一个方法才将圆的面积和周长关联起来（见引文《为什么阿基米德的坟墓上有一个球？》）

阿基米德面对无限的谨慎态度与欧几里得如出一辙，后者对无限闭口不谈，而宁愿说：质数的集合比已知质数的任何一个子集都要大。对古希腊人来说，无限只可能是潜在的，也就是说任何数都能被超过。他们对现实里的无限，即一个真正无穷无尽的集合避之唯恐不及，因为这个概念会催生出许许多多多悖论来……

为什么阿基米德的坟墓上有一个球？

阿基米德苦苦思索圆的面积及其周长之间的关系，在无限这一概念面前止步不前，转向了尼多斯的欧多克斯（Eudoxe de Cnide，前408—前356）发明的方法，即穷竭法，因为它旨在穷尽所有可能的情况。该方法让我们假设圆的面积为 S，而边长为 R 和 P 的直角三角形的面积为 S'，然后用基于基本三角形的有限切割来证明两个假设 $S > S'$ 和 $S < S'$ 都是不合逻辑的，所以 $S=S'$。

阿基米德用同样的方法证明了数个结论，其中包括球体体积等于其外切圆柱体体积的三分之二。西塞罗（Cicéron）在

《图斯库路姆论辩集》(第 5 卷，第 23 节，第 64 页）里写道，
阿基米德认为这是他此生最大的成就，甚至在自己的坟墓上雕
刻了一个内含球体的圆柱体。

▼ 充满悖论的无限

哪些悖论让数学家对无限这一概念望而却步？就是那些
理论上的、抽象的、挑战逻辑的悖论。第一个悖论由古希腊
前苏格拉底时期的哲学家埃利亚的芝诺（Zenon d'Elée，前
490—前430）指出，正是希腊神话中善跑的阿喀琉斯与乌
龟的那场著名赛跑："乌龟提前出发，当阿喀琉斯起跑时，它
已经到了 A 点。当阿喀琉斯追到 A 点时，尽管乌龟的行进
速度极慢，但还是向前爬了一点。每次阿喀琉斯到达乌龟曾

经到过的地方时，乌龟都已经不在该处，而是往前爬了。同样的噩梦一遍一遍重复，永无止境。可怜的阿喀琉斯永远也追不上乌龟！"（亚里士多德在《物理学》中记录了这一转写版本。）

芝诺真的相信阿喀琉斯输了比赛吗？他很有可能知道自己的推理有误，无疑只是想往哲学里加点幽默。他还给出该悖论的另一个版本：阿喀琉斯对准一棵树拉弓射箭，然而飞矢永远无法到达目标。

当然，这两个版本描述的场景都不合逻辑。芝诺的根本错误在于，他想象出一系列无限的瞬间，而这个观念本身就是虚假的。我们通常所说的瞬间是一个非常短暂的间歇，人类的感觉根本无法觉察其持续时间。时间永不停止，而是不断流逝。阿喀琉斯的比赛无法像这样永无止境地切分下去，芝诺的阶段论是虚假的。

在我们的时代，这一悖论有时候被视作计算差错，因为我们知道无穷项的数之和（随着阿喀琉斯离乌龟越来越近，时间间隔也越来越小）完全可能是有限的（阿喀琉斯最终追赶上乌龟的时间）。实际上，芝诺此说是醉翁之意不在酒，他只是拒绝时间可以无限分割这一观点。

▼ 被秘密包围的方法

在芝诺悖论之后，古希腊人摈弃了无限（除了在其有限的定义中，作为潜在的可能）。直到文艺复兴末期，法国数学家和物理学家吉勒·佩尔索纳·德·罗贝瓦尔（Gilles Personne de Roberval，1602—1675）和意大利数学家博纳文图拉·卡瓦列里（Bonaventura Cavalieri，1598—1647）才让它改头换面，重见天日。他们二人都声称自己发明了"除不尽"的方法，而无限正是其基石。然而，只有卡瓦列里一人公布了方法。罗贝瓦尔像文艺复兴时期的其他意大利代数学家一样，死死守住自己的秘密，为的是能在当时数学家互相发起的诸多挑战中独占鳌头。

让我们来看看罗贝瓦尔是如何将它应用于摆线上，摆线指的是一个轮子上的一点在一条直线上滚动（而非滑动）时的轨迹，帕斯卡称之为旋轮线，各种数学竞赛都少不了它的身影。在下图中，*OM*（直线）和 *MN*（切线）的长度是相等的：

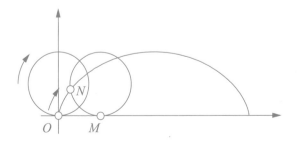

旋轮线的关键在于，计算圆拱下面的面积。伽利略（Galileo，1564—1642）也亲自上阵挑战。他虽然没有计算出结果，但是他制造出了一个真正的锌制旋轮线拱和一个圆盘。他称了两者的重量，推断出拱形的面积等于由它产生的圆盘面积的 3 倍。伽利略失败了，罗贝瓦尔却用不可分法成功了。为此，他定义了一条新的曲线，将初始圆上的线段 AB 沿着旋轮线转为 CD，并称之为旋轮线之伴侣。他注意到，这条曲线是以长方形中心为原点对称的。在旋轮线之伴侣下面的深灰色部分的面积就等于长方形面积的一半，即 R^2，初始圆的面积。

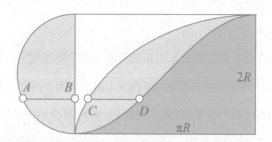

另一个从几何学角度出发的设想让他确认了，在旋轮线之伴侣之上的旋轮线下面的面积等于半圆的面积。他观察到，这些面积都由一些长度相等的平行线段生成的。在下图中，每条线上左边的线段和右边的线段实际上是相同的：

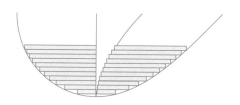

罗贝瓦尔于是明白了，小长方形之和相等。将一个面积分成基本的、不可分的长方形来进行计算，这就是不可分法的原则。罗贝瓦尔将半圆的面积和深灰色部分的面积（R^2）相加，再乘以 2（因为以长方形的中心为原点呈对称），就得到了伽利略猜想的结果。

▼ 从不可分到无穷小

不可分法有一个很大的缺陷，它并非放诸四海而皆准。为了克服这一阻碍，莱布尼茨引入了一个更普遍、更令人困惑的概念，即一个变量的无穷小增量，它概括了不可分的概念。莱布尼茨使用的正式表述如下：如果 x 是一个变量，那么就将该变量的无穷小增量记作 dx。如果一个量 y 取决于 x，比如 $y=x^2$，那么 $dy=(x+dx)^2-x^2$。dx 和 dy 这两项被称为微分，dx 是 x 的微分，而 dy 是 y 的微分。

莱布尼茨明白，他可以简化 dy。将 $x+dx$ 的平方展开后就得到 $dy=2x\,dx+(dx)^2$。他证明了（dx）^{2} 这一项在 $2x\,dx$ 前可忽略不计，认为该项为零，所以 dy=2x dx。当然，该操作并不严谨。一个量要么为零，要么不为零。它不会以我们的意志为转移，在我们希望它为零的时候成为零，在我们不希望的时候不为零！

然而，莱布尼茨的微分却让我们以一种更普遍的方法来解决面积问题。一个区域由一个曲线方程 $y=y(x) > 0$ 来界定，其中变量 x 在 a 和 b 之间。如果我们将 a 和 x 之间的面积记作 $A=A(x)$，那么就证明了 dA=y dx，并且全部面积等于这些基本长方形的面积之和，记作 $\int_a^b y\,\mathrm{d}x$，其中的字母 s 为一直沿用到 18 世纪的书写方式（莱布尼茨引入了积分的符号 ∫）。

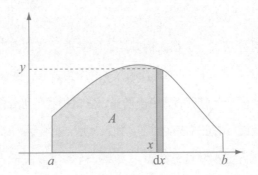

▼　其他无限的和

在卡瓦列里和莱布尼茨钻研无穷小的同时，欧拉也在思考无限的和，他赋予其有限之和的性质。比如，他认为 $S =$ （1/2）+（1/4）+（1/8）+⋯⋯其中的省略号表示后面有无数项，它们就像一个我们能对其进行与普通数字一样的计算的量。这样一来，将 S 乘以 2，欧拉就得到 $2S = 1+$（1/2）+（1/4）+⋯⋯=1+S。等式 $2S = 1+S$ 简化成 $S = 1$，他由此推断出该和等于 1。

该方法看起来很简单，但是基于一个条件：S 必须有意义，换句话说，它建立在如今我们对无限的概念之上。欧拉的结果是正确的，但是他的证明并不够严谨，因为必须通过无限才能证明。在数学里，命名远远不够，还必须验证我们命名的东西真实存在。否则的话，哪怕理论再完美，如果它建立在海市蜃楼上那又有什么必要呢？

于是，用我们今日的眼光来看，欧拉有权用无限来完成计算吗？要回答这个问题，让我们先来思考 $S=1-1+1-1+1-1$⋯⋯我们可以赋予该和一个值吗？如果可以，那么利用欧拉的方法可以得出等式 $S=1-S$，所以 $S=1/2$。如果我们遵守有限之和的常规计算法则，那么这就是唯一一个有可能的值。然而，如果我们将这些项两两分组 $S=$（1-1）+（1-1）+（1-1）+⋯⋯=0，同样 $S = 1+$（1-1）+（1-1）+（1-1）+（1-1）⋯⋯=1，这可无论如何都说不通！

▼ 极限的概念来救场

这一悖论告诉我们，应该小心涉及无限项的计算，就如同芝诺悖论告诉我们想象一个并非潜在的无限有多么困难。19世纪时，多亏了极限的概念，柯西（Cauchy）解决了无穷小（无限之和）在使用上的困难。他是这样思考的："当相继赋予同一个变量的值无限地接近一个有限的值，使得差别变得极小时，那么这个有限值就被称为其他所有数的极限。"

即使极限的概念让无穷小和无穷之和失去了直观上的丰富性，那些无法轻易获得微积分直觉的人也因此避免了许多错误。无穷小并没有被束之高阁，它对指导计算来说必不可少，但是它被置于极限计算的控制下。无穷小就这样被排除在推理之外，局限在直觉的领域里，直到20世纪下半叶，亚伯拉罕·鲁滨逊（Abraham Robinson，1918—1974）发明了非标准分析，让它们站住了脚。这一出人意料的回归其实是水到渠成，都要归功于逻辑上的进步，证明了既包含常用实数也包含无穷小的域（所以是一个四则运算都有可能的域）的确存在。

超越函数的洞穴

在大自然里，动物比细菌复杂，细菌又比病毒复杂。函数的世界里也存在这种等级。位于最下面的是最简单的函数，只涉及加法和乘法，或者多项式函数（即从有理数、实数或复数，以及未知数，还有加、减、乘三种运算的函数）。更复杂一点的是有除法参与的有理函数。第三级是包含根式的函数，也称为代数函数。但这还不是全部。

超越函数的定义是所有不属于以上各类的函数。它们位于食物链的顶端，是函数里的超级捕猎者。正弦函数、指数函数，还有对数函数就是这个数学王国里的一分子。超越函数起到了其他函数没能起到的作用，能解微分方程，并助力发现了原函数（比如我们已知其导数的函数）。在这一章中，我们将乘上越野车，带您探访超越函数栖居的洞穴。

▼ 指数函数

最重要的超越函数之一的缘起是一个指数系统（或乘方系统）变得普遍化。像 2 的 n 次方这样的表达式（2^n）表示 $2 \times 2 \times 2 \cdots\cdots 2$，其中 2 出现了 n 次。理论上，它只限于自然整数的集合。如 $2^1 = 2$，$2^2 = 2 \times 2 = 4$，$2^3 = 2 \times 2 \times 2 = 8$，等等。表达式验证了 $2^{n+m} = 2^n 2^m$ 对任何 n 和 m 来说都成立，因此可以将它推及指数 0（$2^0 = 1$）和负指数（$2^{-1} = 1/2$，$2^{-2} = 1/2^2$ 等等）。但我们还能走得更远一点吗？

是的。如果将我们的推理继续下去，就能推及分数值。比如：$2^{1/2} = \sqrt{2}$、$2^{2/3} = 3\sqrt{2}^2$ 等等。这种扩展方法在 17 世纪时被数学家应用，但仅仅止步于此。然而，还可以更进一步，设想 2^x 在所有真值 x 情况下的计算。我们只需要接受，计算结果不会百分百精确。

比如让我们来想一想，当 x 没有明确，而是在 0.124 到 0.125 之间时，2^x 是什么样子。2^x 将介于 $2^{0.124}$ 和 $2^{0.125}$ 之间，因为 0.124 和 0.125 是分数（即能写作分数的形式），所以我们就能进行计算。结果是 1.0897 和 1.0905，也就是说 2^x 差不多等于 1.090，误差只有 0.001。

既然表达式 2^x 对所有 x 都成立，那么我们就把它变成了函数。a^x 类的函数被称为指数函数（因为 x 在函数中是指数）。

▼ 温和平静的一家之主

为了改善指数函数的精确性，并且加以解析，欧拉想出一个绝妙的主意——将任何一个以 a 为底数的指数函数写作指数的多项式，即 $a^x = A + Bx + Cx^2 + Dx^3 + \cdots\cdots$ 欧拉的方法在当时引起许多争议，要等上一百多年才能提出合理证明。我们就照欧拉所做的来阐述……虽然这样会让我们看待所有细节的方式变得复杂！

欧拉是一个目光远大的天才，但不像我们后文会提到的斯里尼瓦瑟·拉马努金（Srinivasa Ramanujan，1887—1920）那样带有浪漫的光环。在日常生活中，他是温和平静的一家之主。他留下的著作极多，只能大略介绍一二。比如，在函数的领域之外，他还为我们留下了凸多面体（如立方体或四面体）的顶、棱和面的数量之间的美丽公式（$s - a + f = 2$），在此之前这个问题可让数学家伤透了脑筋，单单是为了说清楚什么是凸多面体就花费了许多时间！

让我们回到函数上，看看欧拉的奇思妙想。欧拉通过代数计算来解上文提到的指数函数方程 [更确切来说，$a^{2x}=(a^x)^2$]，根据单独一个 x 系数，得到系数 $A=1$，$C=B^2/2$，$D=B^3/6$ 等。从这个方面来看，最自然的指数函数是 $B=1$ 的函数。要想知道 a 等于什么值，只需在 a^x 的公式里假定 $x=1$。于是得到欧拉数，记作 e（欧拉名字的首字母），e 等于 1、1/2、1/6、1/24 等数之和。为了得到一个相近值，只需计算该和的某些项数。于是得到 2.718，误差率为 0.001。

被定义作 $e^x=1+x+(x^2/2)+(x^3/6)+(x^4/24)+\cdots\cdots$ 的函数称为真正的指数函数。即使严格来说它只是一个多项式，但因为该和有无限项，所以该公式能用于计算我们想要的任何 e^x 的精确值。多么伟大的进步！欧拉作出的图形如下：

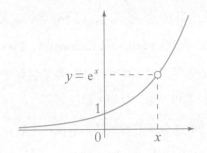

▼　欧拉的惊人发现

那么还能再更进一步吗？我们能将指数函数推及复数

吗？欧拉就是这么打算的。他对此抱有充分的信心，并非师出无名。说到底，函数只用到最基本的四则运算。然而使用唯一的性质 $i^2 = -1$ 时，欧拉意外地发现，$e^{ix} = \cos x + i \sin x$。这个表达式为指数函数和三角函数建立了一座桥梁，从此后它就被称为欧拉公式。

那么在图形上，e^{ix} 是什么样的呢？如果我们使用复数的几何图示，那么就会看到 e^{ix} 描述了一个单位圆，即当 x 为 0 到 2π 之间，半径为 1 的圆。在该公式里，x 并不代表角的度数，而是在 1 和 e^{ix} 之间的圆的弧长。

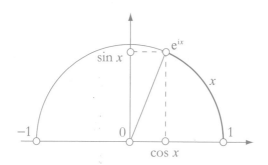

欧拉公式让一个等式进入了数学的万神殿。如果用 π 替换欧拉公式里的 x，如 $\cos \pi = -1$，而 $\sin \pi = 0$，就能得到 $e^{ix} = -1$。所以 $e^{ix} + 1 = 0$。大多数数学家都认为，这个公式是数学里最美的公式之一。它美在何处？也许是因为它集齐了数学里最重要的五个常数：0 和 1（加法和乘法里的中性数），虚数 i，-1

的平方根和两个主要的超越常数（见下文引文文字）e 和 π。

形容词"超越"从何而来?

在数学里，"超越"与"代数"相对。在首要近似值里，代数数是能从整数、四则运算和根式出发表示的数。更普遍来说，代数数是整系数多项式方程的解。一般来说很难证明一个数是超越数，即非代数数。

在此需要强调一下。欧拉当年说的是弧长 x，而我们如今谈的更多是角的弧度。"弧度"一词来自拉丁文 radius，即半径，但比后者诞生的时间晚了许多，直到 19 世纪詹姆斯·汤姆森（James Thomson）才正式使用该词。还要等到 1961 年它才进入国际单位制。度数与弧度的关系相当复杂，因为弧度 2π 相当于 $360°$：1 弧度等于 $360/2\pi = 57.2958°$。

▼ 幂级数

为了定义指数函数，欧拉使用了多项式的一个无限版本（$A+Bx+Cx^2+Dx^3+\cdots\cdots$）。含有无限多项的多项式如今被称为幂级数。不论 x 为何值，幂级数总是能得出一个结果吗？并不一定。这代表幂级数总是趋向一个精确的值，可实际情况并非如此。实际上，幂级数具有一些特定的收敛性质。为了保证收敛，幂级数必须位于一个以原点为圆心的圆盘上，其半径被称作幂级数的收敛半径。

收敛半径可以为零、非零的有限值或无穷大。这样一来，定义指数函数的幂级数收敛半径就是无穷大，这意味着对于任意变量来说，指数函数都是确定的。相反，幂级数收敛半径 $1+x+x^2+x^3+\cdots\cdots$ 是 1，换句话说，如果变量 x 验证 $|x|$ 小于 1，那么它的和就是确定的，如果 $|x|$ 大于 1，那么它的和就是不确定的。

如果将和记作 S，并计算 $xS=x+x^2+x^3+x^4+\cdots\cdots$，就会发现 xS 等于 $S-1$。最后得到 $S=1/(1-x)$。

我们刚才在指数函数中检验过的复数延续原则，也适用于另一个大家族：解析函数，任意点邻域内的幂级数之和。这样一来，我们就能将黎曼 ζ 函数 [对于 x 大于 1，$\zeta(x)=1+(1/2x)+(1/3x)+\cdots\cdots$] 扩大到整个复平面，除了点 1 之外（这就能顺便解释上文提到的黎曼猜想：非平凡零点的实数部分等于 1/2）。

▼　在复数之外

让我们再次扩大函数的范围，最终将破墙而出！伴随着逆

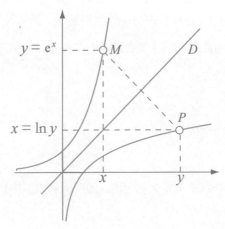

函数的概念——最简单的例子就是指数函数的逆函数：对数函数，函数的队伍还将再壮大一些。更确切来说，对于每个 $y>0$，都有一个唯一的 x 值与之对应，$y=e^x$。我们证明该 x 值是 y 的纳皮尔对数，即 $x=\ln y$。因为指数函数将加法转变成乘积，所以就得出结论，对数函数将乘积转化为加法。

现如今，我们就是这样定义纳皮尔对数的。它的定义与欧拉数相关（$\ln e=1$）。指数函数和对数函数的图形相对于第一条二等分线 D 对称（方程 $y=x$）。

然而我们不能就此将对数函数扩大到复数域，因为根据欧拉公式，$e^{2i\pi}=(e^{i\pi})^2=1$，所以等式 $y=e^x$ 永远无法用唯一的方式定义 x。更确切来说，如果 x 验证了这一等式，那么所有 $x+2ik\pi$（k 为整数）也都能验证。这样一来，只要能让其位于比如横坐标为负值的半轴的平面上，就能定义一个复数对数。

用同样的方法也能定义逆三角函数。唯一一个能在整数实数域里定义的是正切函数的逆函数。我们在谈到 π 的计算时还会详细说到这一点。欧拉的方法是假设写作一个变量的多项式的解不止这几个函数。它在微分方程求解中的作用也不可小觑，微分方程在物理应用中尤其有用，下文谈及傅里叶热传导方程求解时我们还会再次见到它的身影。

函数概念的棘手定义

但是说到底，函数究竟是什么？在参观了一大圈猛兽洞穴后再回头来讨论"函数"的意义，显得相当不合逻辑，但是事实的确如此，在函数经过大量运用后的 18 到 20 世纪，数学家才逐渐厘清函数的真正概念。因为"函数"一词具有很强的欺骗性。大多数词典在"函数"条目里都引用了从黎曼的陈旧观念那里继承的定义，他把函数看作一只黑匣子，往入口输入任何一个值，在出口就能输出一个值。

请看此例，"函数：将一个独一无二的对象与已知集合里的每个元素相关联的方法。例如，A 在 B 里的函数是对象 f，使得对于任何 $a \in A$ 来说，f 与一个独一无二的元素相关联 f

（ a ）$\in B$。"通常来说，词典里的释义后会列举具有代数性质的例子，如 $\sin x$、x 或 x^2，这就很令人困惑了，因为这些表达式都没有直接说明给出的定义！一方面定义是用集合的术语来推演的，另一方面举出的例子却都指向特定的表达式。

当我们明白过来，要想完全理解求导或连续性的概念——毕竟这是函数里最让我们感兴趣的性质，就必须用几何的眼光来看待它们，就会更加一头雾水。用代数术语来思考甚至会引发错误。那么函数到底是什么？我们能正确定义隐藏的概念吗？

▼ 传播甚广的误解

函数的代数观念来自欧拉，他认为函数相当于一种计算方法。这样一来，函数由如 $\sin x$，e^x，$1+x+x^2$ 等公式给出。这种将函数与表达式混为一谈的误解说明该问题并不像乍一看那么简单。以表达式 $1+x\sin(2x+1)$ 为例。它将一个值与任意一个给予 x 的值关联，用以下方法逐渐逼近。我们计算 $2x+1$，然后计算 $\sin(2x+1)$，将结果乘以 x，然后加 1，完成了有效计算。我们经常会将函数记作 $x \rightarrow 1+x\sin(2x+1)$。在信息学里，我们也把该表达式写作树状的形式：

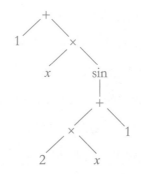

　　在信息学里我们就是这样定义表达式的。然而拿表达式的概念与函数的概念相比较会带来不少危险……首先就是赋予变量的名称以重要性。函数 $x \to 1+x \sin(2x+1)$ 和 $t \to 1+t \sin(2t+1)$ 是一样的，但是表达式 $x \to 1+x \sin(2x+1)$ 和 $t \to 1+t \sin(2t+1)$ 并不相同。在第一种情况下（函数的情况），变量的名称（x 或 t）并不重要。在数学上，我们说这是一个虚拟变量（也称为哑变量）。变量名称的问题比它乍看上去更模棱两可。事实上，一个表达式里可以包含数个字母，比如 x^2+mx+5。在这种情况下，变量显而易见是 x，而 m 是一个参数。为了避免含糊不清，最好写作 $x \to x^2+mx+5$。

▼　导数的狭义看法

　　用代数来理解函数的概念还会带来第二个危险，就是对如导数和积分等微积分计算形成错误的认识。从这个角度来看，求导是一个由某些计算规则支配的简单代数运算。如果我们遵从自约瑟夫－路易·拉格朗日（Joseph-Louis Lagrange，1736—1813）以来的习惯，将函数 f 的导数记作 f'，那么 $(f+g)' = f' + g'$，$(f \cdot g)' = f' g + f g'$，$(f \circ g)' = f' \circ g \cdot g'$，$\sin' = \cos$ 等。这些规则涉及的就是表达式。

在举作例子的函数，即 $f: x \to 1 + x \sin(2x+1)$ 的情况里应用这一代数规则，得到 $f': x \to 2x \cos(2x+1) x + \sin(2x+1) x$。实际上，函数 f 在 x 点上的导数的定义并不属于代数学，而更多是几何学或运动学范畴的（如果我们想象函数描述了一个运动物体的轨迹）。为了更好地理解它，让我们来比较一下函数及其表示的曲线，也就是从几何的角度通过切线和面积来观察求导和积分。

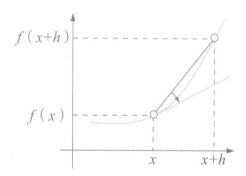

如图，函数 f 在 x 点上的导数如果存在，那么当增量 h 趋向 0 时，该导数就是增长率 $[f(x+h)-f(x)]/h$ 的极限。它就是切线经过 x 横坐标时的点。如果我们用运动学的眼光来看，那么确定导数就相当于寻找一个物体越过一个给定点时具有的速度。

▼ 失去意义

在函数的连续性上我们也遇到了同样的问题。定义通常都隐藏在代数规则之后，后者断言，如果两个函数在某一点上是连续的，则两者之和与两者之积在这一点上也是连续的，而且它们的商也是连续的，只要分母不为零。这样一来，我们就能直接表述，函数 $f: x \to (\sin x)/x$ 是连续的，并且除 0 外处处可导。

那么在 0 上会发生什么呢？先前的规则对我们毫无用处。为了正确解决这个问题，必须研究当 x 趋向 0 时的函数极限。因为正弦函数在 0 上可导，该极限就是它在 0 上的导数。所以极限为 1。假设 $f(0)=1$，那么函数 f 在 0 上是连续的。

我们延伸了定义的区间，从而绕开了障碍，这并不是对代数定义的歪曲，而是它的自然延伸。f 在 0 上是连续的了，但是它可导吗？f 的表达式无法告诉我们答案。为了追根究底，就必须重新回到这一概念的定义上，即研究当 x 趋向 0 时 [f (x) $-$1]/x 的极限。有赖于前文所述的欧拉方法对 $\sin x$ 的展开，就能证明该极限为 0，由此证明函数 f 处处可导，而它在 0 上的导数为 0。

▼ 几何学万岁

这样看来，用代数的眼光看待函数概念带来的风险之一是让连续性和导数的概念与其真正意义脱节。后者的起源与其说是几何学的，不如说是代数学的。从直觉上来看，如果我们想正确理解可导函数的概念，最好的办法是关注其图形：如果函数 f 的图形与一条与点 (x, f (x)) 相邻的直线重合，那么函数 f 在 x 点上可导，这就相当于说，当 h 趋向 0 时，[f ($x+h$) $-f$ (x)]/h 之比有一个确定的极限。比如，下图是同一个函数 $x \to x^2$ 在 0 到 1 之间和在 0.4 到 0.5 之间的图形。

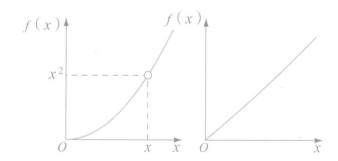

比例的变化导致其图形更像一条直线，而这正是求导的几何意义所在。相反，一个在某点上不可导的函数的图形永远不会像一条与该点相邻的直线，就像函数 $x \rightarrow x \sin(1/x)$ 靠近 0（在 0 到 0.25 之间）的图形完美呈现的那样。

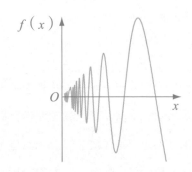

这种关于求导的直觉使得有些结果几乎显而易见。比如，增长函数的特征：在区间 I 里可导的函数在 I 里是增长的，当且仅当其导数在 I 里是正数。从几何学上来看，这一性质对直线来说不言自明。

18 世纪时，针对微积分的发现频出，几何方法也大行其道。然而，它要求我们拥有一种对曲线运动的直觉，无论是在图形上操作还是生造出来！在没有第六感的人身上，几何方法只会导向谬论。

19 世纪数学家回归严谨，尤其以柯西为首。这一转变为微积分打下了更坚实的基础，但是必须承认，同时也丢失了几何方法所特有的一部分直觉丰富性。幸运的是，20世纪到来了，鲁滨逊发明的非标准分析最终让几何方法扬眉吐气，变得严谨。

几何学的多重面孔

　　有一幅文艺复兴时期的经典之作，它描绘了一座希腊神庙。毕达哥拉斯在一边陷入沉思，而柏拉图和亚里士多德穿过一排拱廊姗姗而来，柏拉图手指天空，仿佛在说：真正重要的只有非物质的和理念的世界。大名鼎鼎的欧几里得、芝诺和阿基米德环绕在他们身边。意大利画家拉斐尔绘制的《雅典学院》不仅仅是在向古代先贤致以崇高的敬意，而且还创作出了一幅透视的杰作，这一全新的学问正是在文艺复兴时期奠定的基石。

　　透视法的发明在艺术史上不啻为一场大革命，在拉斐尔充满立体感的作品和中世纪神像的平面世界或庞贝城里的古罗马马赛克镶嵌画之间划下了一条鸿沟。透视法基于我们如今已经习以为常的投影概念，但是在 16 世纪还是门全新的学问。投影是几何学历史上诸多里程碑之一。在数字和函数变得抽象的同时，几何学也不遑多让。仿射几何、射影几何、黎曼几何是这场走向复杂和立体的转变中的成果，就好像几何试图从它被创造出来的纸面（或纸莎草……）上逃离一样。

▼ 平面几何：从田野到定理

在古希腊数学家之前，几何学就像一张诀窍清单，和古埃及计算农田面积的那种没什么不同。几何学作为一种真正的科学出现还要归功于欧几里得的《几何原本》。当时，数学家探讨的主要还是平面几何。《几何原本》既是当时所有知识的总结，也是将这些知识形式化的一次尝试。欧几里得的理论建立在此类公理上："任何两个不同的点相连，就能构成一段直线线段。"或"一段直线线段可以无限延长，成为一条直线。"

要想理解欧几里得选择的定义和公理的性质，最简单的方法就是想象一下柏拉图所说的理念世界。点、线、角的概念，以及它们之间的相互关系，都是被测量者直觉认识的。从此出发，欧几里得写下了在他看来与理念世界相符的定义、公理和公设；再根据逻辑法则推理出命题和定理来。这一切相当严谨，也和真正的现代数学方法没什么两样。

如果一定要在欧几里得身上挑刺，那么可以说他没有在其几何学里强调等距变换的重要性。当他移动一个图形时，能够让它与另一个图形一模一样，那他就说这两个图形是等价的。如今，我们将这样的移位称作等距变换，意思是"保持长度不变的变化"。在平面上，该术语包括了平移变换、旋转变换、轴对称（相对于一条直线）变换以及这些变化的组合。从某种意义上来说，如果一个图形经过等距变换后变成另一个图形，在欧几里得几何看来，这两个图形就是等价的。

▼ 等距变换背后隐藏着什么？

这种等价具有三个基本性质，虽然乍一看显而易见，但是仍然值得强调：自反性（一个图形与自身等价）、对称性（若图形 A 与图形 B 等价，则 B 也与 A 等价）和传递性（若 A 与 B 等价，而 B 与 C 等价，则 A 与 C 等价）。

更普遍点说，这些性质是群的性质，后者是由埃瓦里斯特·伽罗瓦在解方程时引入的概念。自反性对应了恒等式是一种等距变换，对称性对应了一个等距变换反过来也是等距变换，传递性对应了两个等距变换的组合是等距变换。这种看待几何的强大方法最早是由菲利克斯·克莱因（Felix Klein，1849—1925）于 1872 年在埃朗根大学的揭幕会议上提出的。从此以后，它就被称为埃朗根纲领，它将群的概念置于几何学的中心。这个想法非常抽象，但是具有具体的意义，下文中将详细论述。

▼ 相似性

让我们来观察一幅包含数个图形和一些线条的画。它的一些几何特征在等距变换时保持不变：长度和面积、正交性、角、平行性、汇交、共线性、代数度量单位和重心（中心、重心等）。等距交换的群相当重要，但是欧几里得几何里最核心的还是相似的群，即增加尺度变化的等距变换，即数学上的位似。这一次，用几何的眼光来看，当且仅当两个三角形的角相等，它们就是相似的。在相似的情况下，不变的性质与前文所述相同，只有一个例外：现在保持不变的是两个长度的比，而不是长度本身。

不变性在证明欧几里得几何定理时非常有用。让我们看一下毕达哥拉斯定理的证明。有一个三角形 ABC，角 A 为直角，H 是从 A 出发到 BC 边的垂线。它们的角相等（每个三角形内角的互补性），三个三角形 ABC、HBA 和 HAC 是相似的。

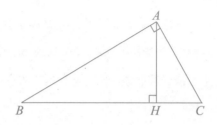

　　由边长的比的不变性，可得 AB/HB 和 BC/AB 是相等的。由此可见，AB 的平方等于 BC 与 HB 的乘积。以等量的方法来推算，可知 AC 的平方等于 BC 乘 HC。将这两个等式相加，可得 $AB^2+AC^2=BC \cdot (HB+HC)=BC^2$。您已经认出毕达哥拉斯定理了吧？它作为欧几里得几何里边长之比的不变性的推论出现。

▼　仿射几何

　　我们用仿射变换来替换相似性，就得到了另一种几何——仿射几何，仿射变换相当于在不同的水平和垂直尺度上进行变化的组合相似。于是又诞生了一个群，仿射变换群（仿射一词由欧拉选定），它具备新的不变性，即仿射性。当然，其他性质消失了，如长度比和角度比保持不变。仿射性指的是面积比、平行性和共点性、代数尺度和重心。

仿射几何眼里只有一个三角形：如果给出两个三角形，那么其中一个总是能通过仿射变换变成另一个！这一性质说明了，要想在一个三角形上证明仿射性，只需要用一个特定的三角形就行。易如反掌！举个例子，"三角形的中线是共点的"这一性质是仿射的，因为它只涉及中线和共点的概念。所以，为了证明这条定理，只需要用到一个特殊的三角形，比如等边三角形。在这样一个三角形里，中线和垂直平分线是同一条。从垂直平分线的共点性就能推出中线的共点性！

没有那么明显的是，如果说长度的概念是度量几何的核心的话，那么面积的概念就是仿射几何的核心了。所以，一个仿射性质的证明常常要通过以下我们所称的引理，因为这只是证明的一步。

引理：如果两个三角形 OAB 和 OBC 在同一条直线上构成，并且两个三角形的高相等，那么

面积（OAB）/ 面积（OBC）$=\dfrac{AB}{BC}$。

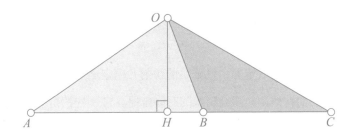

我们知道三角形的面积公式是底边与高的乘积除以 2，证明立即成立。我们从中推论出泰勒斯定理的证明：

"已知三角形 *OAB*，直线 *D* 与 *AB* 边平行，*P* 和 *Q* 是 *OA* 边和 *OB* 边与 *D* 的交点，则 *OP/PA =OQ/QB*。"

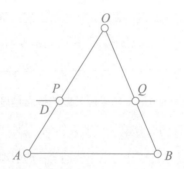

我们将前述引理用于三角形 *QOP* 和 *QPA*，以及 *QOP* 和 *PQB*，考虑到三角形 *QPA* 与 *QPB* 的面积相等，可以推断出等式 *OP/PA=OQ/QB*。

▼ 仿射几何的两条著名定理

除去泰勒斯定理，最著名的仿射几何定理是门纳劳斯定理，我们在谈论地图绘制术的时候曾提及它。它的仿射性质使得它可以用泰勒斯定理来证明，也可以直接使用前述引理来证明。

门纳劳斯定理：如果 *ABC* 是一个三角形，*D* 是一条直线，与三角形的三条边分别交于点 *P*、*Q* 和 *R*，那么

$$\frac{\overline{PB}}{\overline{PC}} \cdot \frac{\overline{QC}}{\overline{QA}} \cdot \frac{\overline{RA}}{\overline{RB}} = 1$$

反之亦然，这一关系说明，这三点 *P*、*Q* 和 *R* 呈一条直线（线段上方的横线表示其方向也很重要：如果分子和分母是同向的，那么分式带 + 号，如果是反向的，则带 − 号）。

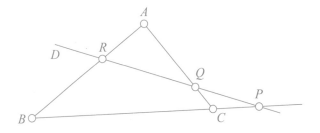

还有一个形式上与之相似的定理以意大利几何学家乔瓦尼·切瓦（Giovanni Ceva，1647/1648—1734）为名 [虽然它在 11 世纪已经为我们所知：在 1985 年发现的一份手稿中，生活在 11 世纪的萨拉戈萨埃米尔的优素福·伊本·艾哈迈德·穆塔曼（Yusuf al Mutaman）记录下了证明过程]。

切瓦定理：如果 *ABC* 是一个三角形，*P*、*Q*、*R* 是边 *BC*、

CA 和 AB 上的三点，直线 AP、BQ 和 CR 共点或平行，当且仅当：

$$\frac{\overline{PB}}{\overline{PC}} \cdot \frac{\overline{QC}}{\overline{QA}} \cdot \frac{\overline{RA}}{\overline{RB}} = -1.$$

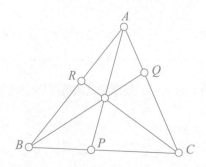

为了向切瓦致敬，人们将穿过一个三角形顶点并与对边相交的直线（如 AP、BQ 和 CR）称为"切瓦线"，而将对边上的点（P、Q 和 R）叫作"切瓦足"。

▼ 拉斐尔画作中的几何

虽然平行线或共点线（通过同一点的若干条直线）经常出现在仿射几何中，但它们并非仿射概念，而是属于射影几何。射影几何相当古老，由热拉尔·笛沙格（Gerard Desargues，

1591—1661）引入，但在当时只有帕斯卡明白其工作的意义所在，后来就陷入沉寂，直到 19 世纪让 - 维克多·彭赛列（Jean-Victor Poncelet，1788—1867）才又重新发明出来。

射影几何是在仿射几何上增加中心投影，得到新的群，即射影变换的群。中心投影是一个相对容易理解的概念，因为它与我们的视觉、绘画中的透视和摄影相符。如果我们拍摄一个物体，那我们得到的图像是圆锥体的底片（或数码传感器）平面的截面，其顶点是相机的光圈，底边是被拍摄的物体。

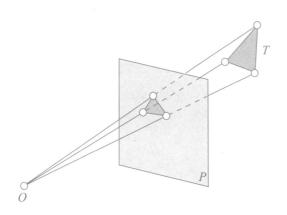

三角形T的中心O在平面P上的投影

在一张照片上，两条平行的铁轨总是在无限远处被截断，更确切来说，是在一条无限的直线上被截断，我们的日常语汇里称之为地平线。

如果在常用平面上，再加上这条无限的直线，那么就能得到两条直线总是相交的投影平面。

前文提及的仿射性质中，只有共线性和共点性留存在了射影几何里（实际上还有一个也留了下来，即连比的概念，但我们在此不作赘述）。

▼ 帕普斯定理

让我们来看看一个射影几何中允许的方法，即一条无限的直线在亚历山大的帕普斯（4世纪）的定理案例中的探险。

帕普斯定理：如果 A、B、C 和 A'、B'、C' 分别是两条直线上的点，那么 BC' 和 $B'C$ 的交点 I、AC' 和 $A'C$ 的交点 J，以及 AB' 和 $A'B$ 的交点 K 共线。

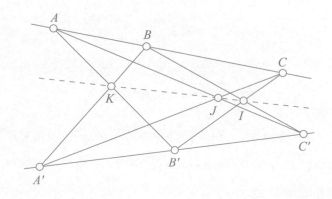

为了证明该结论，我们将直线 IJ 推至无穷远。这就相当于使用一个特定的中心投影。用摄影来打比方的话，就是站在合适的位置来拍照。如果 I 和 J 无穷远，这就意味着直线 BC' 和 $B'C$，以及 AC' 和 $A'C$ 是平行的。这就让图形发生了如下图所示的彻头彻尾的变化！因为两个图形相对应，如果结论对其中之一为真，那么对另一个也 为真。为了证明 I、J 和 K 共线，就要证明 K 也是无穷远，也就是说 AB' 和 $A'B$ 是平行的，利用泰勒斯定理就很容易证明。

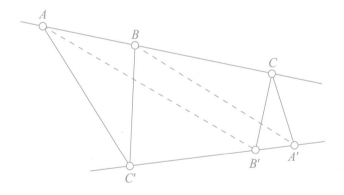

将 I 和 J 推至无穷远之后的帕普斯定理

▼ 圆锥的投影

仿射几何只看到三角形，同样，射影几何只看到圆锥曲线。圆锥曲线是通过一个平面平切圆锥得到的平面曲线。抛物线和椭圆形就是两例。佩尔格的阿波罗尼奥斯（Apollonius de Perge，前262—前190）对圆锥曲线展开研究，证明了其主要性质，尤其是我们谈及阿基米德时说起的抛物线镜子的性质，后文还将详细展开。

　　下图中出现的圆锥体与垂直面的相交线是双曲线。它与水平面的相交线是一个圆。基于透视的效果，它看上去像一个椭圆。

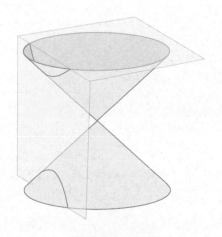

圆锥与平面的截面

　　在这两例之间，当平面与母线平行时，就得到了双曲线。当平面经过圆锥体的顶点时，就得到一对直线：我们称其为退化圆锥曲线。

▼ 神秘的六角星

所有的圆锥曲线都具有相同的投影性质。帕斯卡将这一观察结果物尽其用。他利用圆的特定性质，证明如果一个六角形 *ABCDEF* 与一个圆内接，那么它的边长 *AB* 和 *DE*、*BC* 和 *EF*、*CD* 和 *FA* 交叉于三个能连成一条直线的点上。随后他将这一性质推及所有的圆锥曲线，将他的六角形称为神秘的六角星，大概是因为他展示的证明过程神秘莫测，虽然真正的谜团在他身上。

帕斯卡的证明只是因为他注意到了，共线性因中心投影而保留了下来。为了观察它，只需仔细看看一张照片其中的直线。

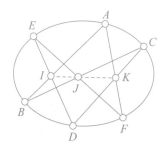

照片与现实唯一的区别是平行线在无穷远处会合，如同铁轨一样。更普遍来说，中心投影保留的任何性质既然对圆成

立，那么对所有圆锥曲线都成立。

神秘的六角星定理与帕普斯定理惊人地相似。事实上，这没什么可奇怪的，因为一组直线总而言之就是圆锥曲线的某种特殊情况！

▼ 非欧几里得几何

我们本可以就此打住，为几何画上句号，不过这样一来，就忽略了 19 世纪的一个伟大发现：非欧几何。它将一条欧几里得公设放在一边，从而得到了平面或空间的惊人模型，让人回不过神来。最开始非欧几何被视作数学猎奇，但一旦进入物理领域（见引文《非欧几何落入爱因斯坦之手》），就顿时身价百倍了。

莎士比亚早就预感到了非欧几何，他让哈姆雷特在第二幕第二场里喊道："我即使被关在果壳之中，仍自以为无限空间之王。"这个空间向内弯曲，直至显得无穷无尽，这就是非欧几何的典型例子。20 世纪伟大的几何学家唐纳德·考克斯特（Donald Coxeter）发现了非欧几何与哈姆雷特之间的联动，他还影响埃舍尔创作出纸上"幻境"，后者直接从非欧几何中汲取灵感。

那么什么样的几何是非欧几何呢？两千年以来令数学家大

为头疼的难题之一，就是证明欧几里得公设，欧几里得显然将其视作一条定理，但是无从证明。用现代的术语来说，"通过一个不在直线上的点，有且仅有一条不与该直线相交的直线"。在《几何原本》中，这条公设紧跟在点、线、平行（两条直线如果不相交，则相互平行）、角等的定义之后。从这个意义上来说，投影几何是非欧几何。然而，在投影几何里，距离和角的概念并不存在。一个平面是欧几里得几何的，就意味着一个三角形内角之和等于180°。要想证明这一性质，就打开了通向非欧几何的大道。

　　让我们来设想一个三角形 *ABC*，将边长 *AB* 延伸至 *BE*。然后从 *B* 点出发，作直线 *BD*，使得角 *CBD* 与角 *ACB* 相等。同样，作直线 *BD'*，使得角 *EBD'* 与角 *BAC* 相等。直线 *BD* 和 *BD'* 与直线 *AC* 平行。

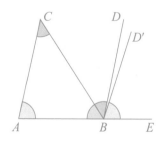

非欧几何落入爱因斯坦之手

讽刺的是，几何在变得越来越抽象的同时，又卷土重来，杀回了现实世界。非欧几何在 19 世纪诞生时极其脱离现实，后来却成为爱因斯坦广义相对论的理论框架。恒星或黑洞之类的大质量天体的引力使时空弯曲，弯曲的时空之于我们的时空，就好比非欧几何之于欧几里得几何。

时空弯曲会带来哪些物理后果呢？如果在星际真空里，两点之间最短的点是一条直线，那么靠近一颗中子星，就是一条曲线，和非欧几何中一模一样。基于同样的原因，一颗恒星使靠近的光偏向：这就是引力幻境的起源，将光源移动位置的宇宙幻象，就像沙漠里的海市蜃楼一样。

如果公设为真，那么这两条线就是同一条，因为从一个点出发，我们只能画出一条与给定直线平行的直线。三角形 ABC 的三个角转到 B，形成一个平角，即 180°。

就这样我们证明了三角形内角之和为 180° ……如果欧几里得公设为真。如果我们将上一个图形画在一张纸上，那么直线 BD 和 BD' 是重合的。将这张纸沿着射线 BD 剪开，将 BD' 移到 BD，那么这张纸就会弯曲，变成山峰的样子，三角形的内角之和超过 180°。相反，将 BD' 从 BD 上移开，这张纸会朝另一个方向弯曲，变成山口的样子，三角形内角之和小于 180°。

为了继续探究，让我们重拾欧几里得的公理，假设我们身处一个球体之上。两点之间最短的路程是沿着两点之间连成的圆上的弧线得到的。在一个球体上，两个大圆总是相交。换句话说，两条直线永远不可能平行！欧几里得公设是错误的，我们刚才所做的完美无瑕的证明也是错的。在这种情况下，两条直线 *BD* 和 *BD'* 不相交，角 *DBD'* 不为零。三角形内角之和大于 180°。如果我们身处一个不同的表面上，比如山口或马鞍，则三角形内角之和小于 180°。在我们用以证明的图形上，直线 *BD* 和 *BD'* 重合。

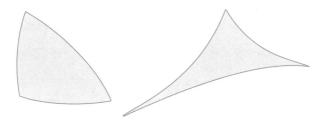

左图为球体上的三角形；右图为马鞍上的三角形

第一个例子是球体几何或黎曼几何，后一个例子是双曲几何或称罗巴切夫斯基（Lobatchevski，1792—1856）几何。还有其他的几何，几何就如同绘画作品，总有一款适合您。

庞加莱是如何普及双曲几何的?

亨利·庞加莱(Henri Poincaré, 1854—1912)是政治家雷蒙·庞加莱的堂兄，也是数学家、物理学家。他在研究与物理相近的方程式时接触到了双曲几何。一次原创思想的实验让他想象在平面世界里存在着生物。他在《科学与假设》里写道:

假设在一个圆里有一个封闭的世界，遵守以下法则: 其中的温度并不均匀; 在中心温度最高，离中心越远，温度就越低，到达封闭这个世界的圆时温度降低为绝对零度。我进一步强调该温度变化的法则。假设 R 是圆的半径; 假设 r 是圆心到点的距离。绝对温度则与 R^2-r^2 成比例。

我还假设在这个世界里，所有物体都有相同的膨胀系数，使得任意一把尺的长度与其绝对温度成比例。最后我假设一个从一点运到另一点的物体，两点之间温度不同，则该物体立即与新环境达到热平衡。这些假设中没有任何一条是矛盾或难以想象的。随着我们越来越靠近圆的边界，一个移动的物体将会变得越来越小。

首先我们来观察一下，如果这个世界用我们传统几何的观点来看是有限的，它对其居民来说却是无限的。当这些居民想要靠近圆的边界时，就会越来越冷，变得越来越小。它们迈出的步伐也会越来越小，以至于永远无法到达圆的边界。如果对我们来说，几何只是研究不变的固体运动遵循何种法则运动，对于这些想象的物体来说，几何就是研究因不同的温度而变形的固体遵循何种法则运动。

请允许我化繁为简，将类似的运动称为非欧运动。这样一来，如果有一些像我们一样的生灵，在那样的世界里接受教育，就会发展出与我们不一样的几何学来。如果这些想象出来的生灵创立一门几何学，那就会是非欧几何。

更确切来说，庞加莱用他的古怪世界给我们展示了双曲几何。他在文中给出了细节，能够确定这个世界里两点之间的距离，考虑到长度变化，能找到两点之间最短的路线。他证明这条路线或者沿着圆边界的直径，或者一个与圆边界正交的圆。

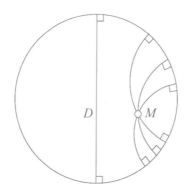

有数条经过点*M*且平行于给定直线*D*的直线

同样，我们能证明欧几里得公设在双曲几何中不成立：经过任意一个点，有无数条直线与给定直线平行，而球体几何里则一条也没有。惊人的是，我们会在某些微分方程中看到与双曲几何相关的群，并且可用于解这些方程。因此庞加莱在写给法兰西科学院（1881 年 8 月 8 日）的短信里写道："我知道如何解所有的代数参数微分方程了！"

群的枯燥之美

　　在上一章里，群是一个绕不开的概念。我们不妨来回顾一下，群是元素的集合，该集合带有所有这些元素的构成法则。当大学生学习群的概念时，他们总是把群概括为带有（如加法或乘法）运算的数的集合（比如整数）。但从历史上来看，群首先是以更抽象的形式出现的，并非由数组成，而是由变换组成。以上一章为例，我们研究的群就是由几何变换（平移、旋转、轴对称等）构成的。

　　群的概念极为丰富，因此亨利·庞加莱在1882年宣称："数学只不过是一连串的群。"在物理学上，凡是物体间存在对称关系的领域里，比如结晶学（分子和晶体具有对称轴或对称中心）和粒子物理学，群都能大显身手。那么群到底是什么？它为什么如此丰富？

▼ 几何的源头

群理论的首创者是埃瓦里斯特·伽罗瓦，19 世纪 30 年代他埋头于解代数方程，但遇到了重重障碍：当伽罗瓦向法兰西科学院提交总结自己研究成果的论文时，另一个伟大的数学家西蒙恩 – 德尼·泊松（Simeon-Denis Poisson）审阅后表示无法理解！如今，伽罗瓦被公认为数学天才，其著作也成为数学史上的不朽里程碑（见下文引文文字）。虽然他试图解决的是代数问题，但他采用几何的思维方式来思考（他的推理论证以变换为基础，从一个解法变化为另一个解法，变换说到底就是一种几何重排）。

浪漫派数学家埃瓦里斯特·伽罗瓦

埃瓦里斯特·伽罗瓦（1811—1832）去世时年仅 20 岁，却在数学史上留下了浓墨重彩的一笔。他不为学界权威认可的挫折：两次失利于巴黎综合理工学院入学考试，论文遗失和被拒，无缘巴黎高师，最后在一次决斗中丧生，都为他增添了浪漫英雄的色彩。他的逝世到底是因情所伤后自寻死路，还是政治清算的悲惨下场？我们很难说清楚。

　　然而，虽然这一形象看上去热血昂扬，却丝毫无损伽罗瓦对数学的重要影响。另外，我们经常会读到，伽罗瓦生前从未发表过任何论文，其实事实并非如此：1829 年夏天，他在热尔岗编辑的《纯数学与应用数学年鉴》里发表了第一篇论文（已经是关于方程的了）。

　　后来，有些数学家发现，完全可以将群扩展到几何之外。第一个付诸行动的是阿瑟·凯莱（Arthur Cayley，1821—1895），他的名字常常与威廉·汉密尔顿并列来表示一条代数定理。在此处我们不重复凯莱对群的定义，而是强调我们今日使用的群的定义。该定义强调构成法则的性质，而非群的元素的性质，以至于它看上去极为枯燥。

▼　抽象的定义

　　首先，群是一个集合 E，它具有的内在合成法则能将 E 的一个元素与另两个元素相关联。正如我们上文所述，数的相加和相乘，以及平面或空间变换的组合就是内在合成法则的例子。运算法则也加入到该法则中。在实际应用中有用的第一个法则是结合律。记为乘法法则满足结合律，如果在所有情况下（$a \times b$）$\times c = a \times$（$b \times c$）（简单来讲，当我们将数个元素组合起来时，它让括号变得无用）。以上列举的所有法则都满足结合律。

另一个运算法则是满足交换律，也就是说合成的顺序并不重要，$a \times b = b \times a$。加法和乘法都满足交换律，但是除了少数例外，变换的合成并不满足交换律。

群的其他性质还有：能用唯一解法解以下方程：$a \times x = b$ 和 $x \times a = b$，其中 a 和 b 为已知，x 为未知数。该问题与中间元素和对称元素的概念相连。中间元素就是元素 e，对任何 a 来说，$a \times e = e \times a = a$。所以，加法的中性元素是 0，乘法的中间元素是 1，合成的中间元素是恒等式。元素 a 的对称元素是元素 b，使得 $a \times b = b \times a = e$。在加法中就是相反数，在乘法中是逆元素，在合成中是相互变换。

综合在一起后，这些抽象定义就能让群的面貌变得清晰了：集合 G 是一个群，如果它满足结合律，具备一个中间元素，使得 G 里的任何元素都能在 G 里找到一个对称元素。如果法则是交换律，就被称为交换群或阿贝尔群 ["阿贝尔"得名于著名数学家尼尔斯·阿贝尔（Niels Abel）]。我们很容易证明该定义回答了刚才提出的问题（忽略括号、简化、解方程）。

▼ 群的意义

"数学是一门给不同事物赋予相同名字的艺术。"庞加莱在《科学与方法》中确认道。群的优点显而易见：群的结构往往很相似，在抽象群里证明的普遍结论每次都能加以应用。为了举例说明这一方法的用处，让我们来设想一个先验上很抽象的群论的结果。这一定理有关有限元的群，被归于拉格朗日，而他在群的概念被厘清之前就去世了。

设想一个群 { 0，1，2，3 } 满足普通的加法法则，其结果被除数为 4 的余数取代（2+3=1），传统上记为 Z/4。这一合成法则被我们称作加法，记为 +，可以用常见加法的表格形式来表现：

0	1	2	3
1	2	3	0
2	3	0	1
3	0	1	2

请注意这个表格是一个拉丁方阵，也就是说每一行和每一列都包括所有的数字，就像数独的格子一样。拉格朗日定理涉及群的阶（即元素的数量，此处为 4）和每个元素的阶（即与自己相加得出 0 的最低次数）。此处 0 的阶为 1，1 的阶为 4，

2 的阶为 2，3 的阶为 4）。拉格朗日定理告诉我们，在一个有限群里，任意元素的阶必能整除群阶。

要想验证其普遍性，可以将该定理应用于满足普通乘法的微调版本的群 {1，2，3，4}。运算与以 5 为模的乘法相符（也就是说用被 5 除的余数代替结果）。例如：$2 \times 3 = 1$（因为 $6 = 1$ 模 5）。我们传统上将这一运算记为（$Z/5$）*，代表 $Z/5$ 省去 0。该法则得出的表格为：

世间万数

1	2	3	4
2	4	1	3
3	1	4	2
4	3	2	1

我们可以看到，每个元素的阶除以 4，即对任何（$Z/5$）* 的 x 来说，$x^4 = 1$（请注意，与前例相反，每个元素的阶从乘法而非加法出发构成，这也表示中间元素并非 0 而是 1，由此可得 $x^4 = 1$）。我们推断出对任何 $Z/5$ 的 x 来说，$x^5 = x$。（$Z/5$）* 是群这个事实与 5 是质数相关。比如，对（$Z/4$）* 来说就并非如此，因为 $2 \times 2 = 0$。我们证明，对任何质数来说都是如此，这就引出了我们谈论质数时提到的费马小定理。

▼ 向量空间

在数学上还有一些结构与群的结构很相似，虽然说到它们在许多数学问题的应用上，群无疑是最具有标志性的。我们上文中已经提到过域的结构。环论就从中衍生而出。我们不再展开，而是将焦点集中在向量空间上。

向量诞生于用坐标来表示平面上的点的体系。我们常常将其归功于笛卡尔，因为他使用坐标系创立了解析几何，但其实早在中世纪，尼克尔·奥雷姆（Nicole Oresme，1320—1382）就已经开始使用坐标。我们常常在向量上加个箭头表示。为什么呢？可能是出于隐藏的移位思想。假设在平面或空间中有两个点 A 和 B，向量 AB（上有箭头）就能表示从 A 到 B。也就是从 A 到 B 的平移。

这种对运动的描述让向量与标量相加和相乘变得容易理解，标量即一个数字，与向量相对。在坐标中，我们又看到坐标与同一个标量相加和相乘。空间里的向量就以三元组合（x、y 和 z 轴上的坐标）的形式表达，可以与标量相加和相乘。这些由数字组成的三元组合就会出现在一个完全不同的情形里，即二次三项式里。

第二部分 抽象的诞生

▼ 向量和多项式之间的桥梁

为了看得更清楚，让我们假设一个三项式：$P(x) = ax^2+bx+c$。它完全由参数 a、b 和 c 定义，这三个参数就此构成常见的空间向量。两个三项式相加，就如同与一个标量相乘一样，与向量的加法相对应。换句话说，二次三项式的空间和常见向量空间是同构的，也就是说它们二者运作的方式一模一样。这一发现看上去毫无用处，可事实上，它能够让我们将常见空间的性质转移到三项式上。抽象在这里大放光彩！我们可以像对待向量一样对多项式进行推论。就如同我们从变换的群过渡到了抽象的群，现在又从常见的空间过渡到了抽象的向量空间。

这一代数向抽象结构的转变尤其是德国数学家埃米·诺特（Emmy Noether，1882—1935）的功劳。她的讲座启发了一部教材——《现代代数》，直到 20 世纪 70 年代的高等教育领域还在使用。虽然她是本书介绍的第一位女数学家，但需要说明的是她至少有两位先驱。

第一位是希帕提亚（Hypatie，370—415），她是亚历山大的新柏拉图学校校长（她因宗教和政治原因被残忍杀害，令人扼腕）。第二位是索菲·热尔曼（Sophie Germain，1776—1813），她以一条以她名字命名的定理享誉世界，该定理构成了费马大定理证明的关键步骤。她深受当时女性处境之苦，为了能在巴黎综合理工学院上课，并且分享自己的发现，她不得不使用一个假名：安托万·勒布朗。好在当时的社会思潮发生了转变，她成为第一个获准参加法国科学院会议的女人，勒让德用她的名字来命名一条定理，以此向她致敬。直到 2014 年菲尔兹奖才迎来了第一位女性得主，她就是伊朗数学家玛里亚姆·米尔扎哈尼（Maryam Mirzakhani，1977—2017）。

厌恶世人的天才：亚历山大·格罗滕迪克

亚历山大·格罗滕迪克（Alexandre Grothendieck，1928—2014）被有些人认为是 20 世纪最伟大的数学家，他将结构问题置于自己研究的中心。格罗滕迪克的个性非同寻常，他在位于阿列日省阿塞尔的家中避世隐居了 20 年，于 86 岁辞世。他身后留下的手稿用汗牛充栋来形容毫不夸张（10 万页！）。其中有一部分最近被整理出来，放到网上。虽然他在 1966 年荣获数学领域的最高奖项菲尔兹奖，但他对称号荣誉之类的桂冠避之唯恐不及。"多产与否应由子孙后代来评定，而非由现世所得的荣誉来认可。"他在 1988 年拒绝领取克拉福德奖时这样宣称道。

他获得的菲尔兹奖奖励了他在代数几何上的研究，他归纳了流形的概念，流形是曲线和曲面的延伸。传统几何依托的是实数的或复数的域，而格罗滕迪克研究的是环的域，就像整数域一样。在数学上，他的研究属于范畴论，最先是由塞缪尔·艾伦伯格（Samuel Eilenberg，1913—1998）和桑德斯·麦克兰恩（Saunders MacLane，1909—2005）在1942年创立。范畴论研究数学结构及其关系。范畴是元结构，就像几何、群、域或环等。由被称为同态或箭头的映射联系在一起，方便我们研究每个结构的内在性质。

他将新的概念称为概形（schema），这个词看上去有点奇怪，可实际上恰到好处，因为涉及的几何对象以相近的同态来定义，对应数学里类比的概念。这种将曲面概念扩大化的做法是必不可少的，如果我们想要解决如当时悬而未决的费马定理之类的问题。我们先不谈细节，方程式 $x^n+y^n=z^n$ 对应一个在实数域里构建的常见空间里的曲面。在费马定理里，则是要找出实数解。格罗滕迪克的研究成果让安德鲁·怀尔斯得以证明费马定理。

格罗滕迪克的研究工作不仅从整体上来说博大丰富，而且还产生了重要的影响。除了证明费马定理外，1967年罗伯特·朗兰兹（Robert Langlands，1936—   ）提出的"朗兰兹纲领"也可以说是得到他的真传，他试图在数论和几何之间架起一座桥梁。安德鲁·怀尔斯和罗伯特·朗兰兹都没有得到菲尔兹奖，因为该奖项只颁发给四十岁以下的数学家。怀尔斯于 2016 年荣获阿贝尔奖。该奖项于 2001 年成立，于 2003 年首次颁发，相当于数学界的诺贝尔奖，对获奖者没有任何年龄限制。还有好几名数学家也因延续了格罗滕迪克的研究工作而获得阿贝尔奖，充分说明他的研究带来的启示绵绵不绝：皮埃尔·德利涅（Pierre Deligne）证明了韦伊猜想，格尔德·法尔廷斯（Gerd Faltings）证明了莫德尔猜想，洛朗·拉福格（Laurent Lafforgue）证明了一部分朗兰兹猜想，越南数学家吴宝珠（Ngô Bâo Châu）证明了该领域里的一条基本引理。

▼ 另一个研究结构的英雄：布尔巴基

还是让我们回到正题。在结束本章之前我们不得不提到另一个名字：尼古拉·布尔巴基（Nicolas Bourbaki）。在这个化名后隐藏着一群数学家，在提及安德烈·韦伊时我们就曾经说起过，他是创始人之一。布尔巴基的志向远大：他希望能从基础出发对数学进行严谨的论述。所以布尔巴基首先对严谨有着极高的要求。相反，其缺点是常常忘记所论述的定义和定理的动机。布尔巴基尝试摆脱事物的固有特性，而只关注它们的关系。"在这一全新的概念里，数学结构变成了数学里唯一的'对象'。"布尔巴基写道。

直到今天，布尔巴基这个名字仍然笼罩着神秘而迷人的光晕。为什么会选这个化名呢？围绕着它有不少传说。其中一个传说称在法国南锡数学研究所门前有一座第二帝国的布尔巴基将军的雕像，好几个该团体的成员在该研究所里就职。可惜的是，在那里其实只有一尊雕像，是物理学家欧内斯特·比沙（Ernest Bichat）。除却围绕着布尔巴基的纷纷扰扰不谈，这一团体其实和第一次世界大战期间法国数学家大批死亡有着莫大的关系。

1918 年后培养出来的年轻人除了 19 世纪的数学家之外，几乎没有可以学长可以引路 [只有加斯东·朱利亚（Gaston Julia，1893—1978）是例外，他在一战中面部严重受伤]。与英国和德国相反，法国并没有尽力保护自己的知识精英。有两个数据可以充当证明。在一战中战死的人数占 16.8%，而其中有 41% 是巴黎高师的学生。这一区别应归于大部分高师学生拥有步兵少尉军衔，这是在战争中首当其冲的职位。

所以，高等教育就由年长者来完成，比如爱德华·古尔萨（Édouard Goursat，1858—1936）。他的分析著作一直享有权威，正是为了反对他，由安德烈·韦伊带领的小团体才在 1935 年决定唱唱反调，撰写现代分析论著。慢慢地，这一计划发展壮大，变成了署名为尼古拉·布尔巴基的《数学原本》

（为致敬欧几里得）。布尔巴基的辉煌岁月从 1950 年延续到 1970 年，并且凭借讨论会和 2016 年发表的最后一部著作，直到今天仍活跃在学界。

信息科学的挑战

在大众的想象中，数学和信息科学是截然不同的两个学科。可实际上，这两个领域不仅在信息科学的一个分支——理论信息学——上重合，而且计算机科学本身就诞生于"信息在根本上到底是什么"的追问中，诞生于"我们拿信息怎么办"（换言之，"如何用信息来计算"）的追问中。计算机如何操纵信息？会提出怎样的数学挑战？

计算机建立在二元性上：电流经过或者不经过，磁场指向一个方向或者另一个方向等。从数学上来看，这一二元性对应着两个逻辑值 { 真，假 } 或两个数字 0 和 1。在信息科学中，我们用比特这个术语来指这一信息。比特一词来自英语，表示"块、片"，也让人想到 binary digit，即"二进制"。在 1948 年，克劳德·香农（Claude Shannon，1916—2001）第一个正式使用该词来指"信息的基本粒子"。

有赖于比特，我们能够为文字、图像和声音编码。对文字来说，还相对比较简单，我们使用换算表，著名的 ASCII 表给字母表里的每个（不标有音符的）字母分配一个八位字节，即一串八比特。利用这个编码或者其他编码，一篇文章就变成一连串八位字节。

对数字来说也是一样。有好几种方法可以给数字编码。最容易储存到内存里的就是二进制，二进制之于二，就相当于十进制之于十。这意味着，十进制里的数字 2 在二进制里写作 10：一组 2 再加 0 个单位。3 写作 11：一组 2 再加上 1 个单位。13 写作 1101 等等。用这种编码方法就很容易执行运算，数字在二进制中的表现也和在十进制中完全相同。

▼ 声音和图像

对图像而言，问题就变得更复杂一点了。图像被分解成被称为"像素"的点，可以给出坐标和颜色。像素（pixel）这一术语来自"图片"（picture）和"元素"（element）的缩合写法。1965 年弗雷德里克·比林赛（Frederic Billingsey）首次在著作中使用了该词。在计算机图形学中，我们用 CMJN（分别代表青、红、黄、黑）系统来为图像编码，在摄影中，我们倾向于用 RVB（分别代表红、绿、蓝）系统来编码。每个颜色都被分配到一个 0~255 之间的数字，以八位字节来表示。两个系统之间的对应法则对我们来说并不重要，重要的是一个图像化作了一串比特。

声音也以同样的方法来编码，虽然更复杂一点。并非将平面分解成像素来收集每个像素的颜色，而是周期性地提取声音。而声音也是一串比特。

▼ 图灵模型

知道如何将任何信息以 0 和 1 的形式编码的确很了不起，但是到底有什么用呢？我们可以用它来计算什么？艾伦·图灵（Alan Turing，1912—1954）在 20 世纪 30 年代就提出了这一问题，当时计算机还没有诞生。为此，他设计出一个计算模型，由于过于原始，很难想象它能够完成所有想象得到的计算。

图灵机是一个经过改装的打字机，只不过并非在一页纸上，而是在一条两端都无穷无尽的纸带上，利用一个读写头来运作。从这个角度来看，可以将它比作一个读写头固定、纸带往前进的磁带录音机。纸带被划分为一个接一个的小格子，

世间万数

每个格子都包含一个符号。该符号可以是空白。读写头能读取它所在格子里的符号，写下符号（可能是空白），从一个格子往左或往右移动。一切都取决于读写头在读写时所处的状态。

如此简单的机器怎么能执行计算呢？让我们来看看以 1 为基数书写的两个数的加法。3 写作 111，2 写作 11。要想将这两个数相加，我们在纸带上连续写下这两个数，但是用一个 0 隔开，然后将读写头放在左边第一个 1 上：

读写头以箭头表示。灰色格子里指示它的状态

很容易想象出读写头移动的指令：它必须往右边移动，用一个 1 代替 0，然后继续前进，删除最后的 1。

▼ 通用图灵机

要想简单复制这类机器十分容易，图灵证明了，任何可自动化的计算都能用图灵机完成。当然，它还远远称不上最出色的（见引文《真的万物皆可计算吗？》）。它的意义纯粹是理论上的。图灵没有停下思考，他提出：如果读写规则和比特状态变化的规则出现在纸带上会怎么样？如果在计算进行的同时，这些规则能被读取会怎么样？

通用图灵机（通用意味着它并不限于一种运算）的设想为计算机的崛起奠定了基础，因为对计算机来说，程序就像数据一样。这样一来，计算机就与早期的制表机区别开来，而对于后者，每次重新使用前，我们都必须编写程序，动手更改电路通断。

第一台英国计算机"巨人"诞生于 1943 年，用于解码洛伦茨密码机的加密电文（而不是我们下文会讲到的恩尼格玛密码机）。洛伦茨密码机是德国最高指挥部及其军队之间加密电文的设备。图灵设想的原理对该计划产生了重要的影响，而图灵却一无所知。其创造者是另一个逻辑学家马克斯·纽曼（Max Newman, 1897—1984）。实话实说，将"巨人"称作计算机有点言过其实了，因为它并不能像我们后来理解的那样"编程"。当时人们是通过手动更改电路通断来编程的。

真的万物皆可计算吗？

发明了图灵通用机后，图灵陷入了沉思：真的什么都能用它来计算吗？这个问题其实等同于：任何问题都可计算吗？"可计算"一词应该从其最广泛的意义上来理解。举个例子，类似"白棋走，在两步里将黑棋将死"的象棋问题是可计算的。原则上，完全可以将象棋规则和棋盘上的棋子摆放输入图灵机，让它列出所有两步里的可能走法。如果在所有可能的情况里有一种途径能通往胜利，那么我们就得出了答案。所以，我们可以说能用图灵机或者更普遍地用计算机解决的问题都是可计算的问题。

然而，并非什么都是可计算的。有一些不可计算的问题是特定的，比如图灵机的停止问题，我们下文会详细论述。在可计算的问题里，有些虽然可计算，但只是理论上如此，因为计算时间过于漫长，实际上无法完成。于是我们同意接受，只有那些计算的时间与数据的规模之间是多项式关系的问题（换句话说，可以在一段合理时间内解决的问题）才是可计算的：我们所说的就是 P 问题（P 为英文多项式的首字母）。在该领域还大有可为，以加快经典问题的解决速度，如分类（管理数据库必不可少的一环）或旅行推销员问题。

如今，我们将依据冯·诺依曼（在谈论空无的时候，我们提到过这位数学家）结构设计出来的计算机称为电脑。冯·诺依曼领导一支工程师团队，首次使用一台计算机（"埃尼阿克"，而非"巨人"）。他提出一种全新的结构，完全遵照图灵将一切都自动化的设想，该结构也被冠以冯·诺依曼的名字流传后世。他将电脑分解成四部分。第一部分是算术和逻辑单元，负责完成基础运算。第二部分是控制单元，负责为运算排序。第三部分是存储单元，负责存储数据和程序。第四部分集中了输入/输出装置，负责与外界交流。

　　第一个采用该结构的电脑是"埃尼阿克"（Eniac，电子数字积分分析机和计算机 Electronic Numerical Integrator Analyser and Computer 的首字母缩写）。它在第二次世界大战中被设计用来计算弹道，但直到 1946 年才研发成功。"巨人"和"埃尼阿克"这两台机器都体积庞大，前者重达 5 吨，后者重达 30 吨，而且其计算能力比起如今最普通的笔记本电脑来也逊色得多……

制服偶然与混乱

概率在我们的生活中无处不在。保险费计算、民意支持率、新疗法实验、股市行情……每一个领域都与概率息息相关。乍一看去，概率计算的关键似乎可以用疯狂来形容：预测偶然。但是数学家能人之所不能，制服了表面的混乱，揭示出潜在的秩序……只不过这种能力在赌场里是明令禁止使用的。在20世纪50年代，年轻的爱德华·索普（Edward Thorp，1932— ）当时还是加利福尼亚大学数学系的学生，他证明了玩二十一点不仅是靠运气。为此，他贴上了假胡子，乔装打扮一番，去赌场测试了他的卡牌计算技巧，在短短一个周末的时间里赢了一万美元。当他在一本著作里公布了诀窍后，他声名鹊起，但赌场也对他关上了大门。索普还证明了，轮盘赌就是被设计来稳赚不赔的，并且利用数字魔法，大大增加了自己赢钱的概率。

爱德华·索普并不是第一个对碰运气的赌博游戏感兴趣的数学家。第一篇针对该主题的文章来自吉罗拉莫·卡尔达诺（我们在发明复数的那章里曾提及这位数学家和天文学家）。卡尔达诺热衷于赌博，喜欢钻研在骰子或卡牌等赌博游戏里获胜的机会。六十年后，伽利略也发表了一部著作，从中可以一窥概率论的萌芽。伽利略写作时受到另一个大玩家——托斯卡纳大公科西莫二世——提出的问题的启发（伽利略曾担任过后者的老师）。

▼ 骰子做了手脚吗？

科西莫二世注意到，投掷三个骰子时，出现 10 的频率比 9 更高。然而，用 1 到 6 之间的三个数字组合成 9 和 10 的方式是一样多的，这似乎与他的观察相矛盾。伽利略找到了怪现象背后的原因，而这一怪象也被命名为托斯卡纳悖论。用猜硬币正反面来解释会更容易理解。

让我们一起来丢硬币。如果硬币没有做手脚，结果是反面的概率等于 1/2，正面的概率也是 1/2。如果我们连续丢两次，反反、反正、正反和正正这四种结果是等概率的，都是 1/4。如果我们同时丢两枚硬币，同为正面或同为反面的概率是 1/4，但是一正一反的概率等于 1/2，因为它包括了正反和反正两种情况。

托斯卡纳悖论也是同理。从这个角度来看，9 和 10 的分解并不等价。区别在于，9 分解后同一个数会出现三次，这种情况在 10 上就不会发生。经过计算可以知道，得到 9 的概率为 25/216，而得到 10 的概率为 27/216，即 1/8。这两个数字说明，科西莫可以称得上明察秋毫，因为两个概率只有 1% 的微弱差别。

▼ 赌徒分金

虽然上述事件确凿无疑，可我们仍然常常认为 1654 年帕斯卡和费马之间的一封通信标志了概率论的诞生。这封信谈到了另一个赌徒安托万·贡博（Antoine Gombaud），人称来自梅尔的骑士。他被赌徒分金的难题所困扰：两个玩家各拿出 32 枚金币下注，参加分为好几局的骰子赌博。先赢下三盘的就能拿走所有赌注。每一局都可以简化为丢硬币猜正反面，因为两人的水平相当，胜率各 50%。来自梅尔的骑士问道，如果比赛被迫中断，这时其中一个人赢了两局，另一个只赢了一局，该如何公平分配 64 枚金币？

　　帕斯卡假设比赛继续进行，估算每个人获胜的希望。我们可以将比赛后续的可能结果总结成一张图表，从一个状态出发（左边），在每一步预想出两种可能的结果，一直到其中一个人成为赢家。

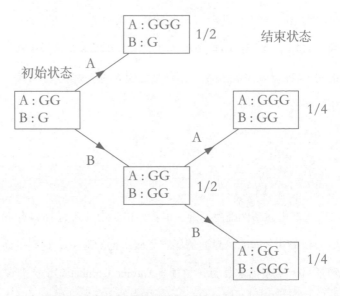

比赛可能的发展图标，第一个赌徒为A，第二个赌徒为B

　　从图表看，比赛可能有三种结果，每种结果都有一定的概率。总之，前者（图表中的 A）获胜的概率为 3/4，后者获胜的概率为 1/4，所以帕斯卡计算得出，公平的做法是给前者 48

枚金币，给后者 16 枚金币。事实上，这些数额与每个赌徒的获胜预期值相符（使用同样的计算方法也能算出桥牌中偷牌的获胜机会）。帕斯卡还不无幽默地建议不信教者用赌博的眼光来看待宗教，将信仰建立在概率之上。他说："还是应该相信上帝存在，因为如果上帝存在，你就会赢得无上的奖励，而如果上帝不存在，你也不会蒙受什么损失。"

▼ 偶然的不同意义

其他伟大的数学家也在概率论领域熠熠闪光（尤其是下文将谈到的为科学地建立保险系统而做出的努力），然而不可否认的是，长时间以来它仍然太依靠直觉。形式化的长久缺失很可能是因为概率计算往往不需要依据任何特定的理论。要计算某个事件的发生概率，比如在 32 张牌里抽到 K 的概率，只需要简单计算该卡牌的数量（4）和所有可能抽到的卡牌（32）。抽中 K 的概率就是两个数字之比，即 1/8。问题解决了，那还为什么要尝试别的方法呢？

但并不是所有事都那么一目了然，约瑟夫·伯特兰曾经指出，而我们也在谈论质数的时候认清了这一点。伯特兰在思考圆的几何时想到：在一个圆里，如果我们取任意一条弦，那么其长度大于该圆内接等边三角形边长的可能性有多大？问题在于：根据对"任意一条弦"的不同理解，我们也会得到不同的结果……

比如说，在圆上任意选取两个端点 A 和 M，而 ABC 是圆的内接等边三角形，其顶点为 A。圆被分为由 B 和 C 划定的两部分。如果 M 位于上半部分，那么这条弦就小于等边三角形的边长，否则就相反。我们从中推断，弦长大于等边三角形边长的概率等于1/3。

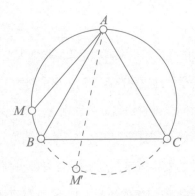

但是也可以换一种方法来分析问题。弦的长度是由其中心 I 的位置决定的，我们可以认为只需要任意选择这个中心就足够了。如果 I 位于三角形内切圆的内部，弦长就大于等边三角形的边长（见下页图）。如果 I 在外部，那么弦长就小于等边三角形的边长。然而内切圆的半径等于初始圆半径的一半。小圆的面积等于大圆面积的四分之一，由此推得，弦长超过等边三角形边长的概率为 1/4。

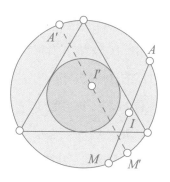

▼ 柯尔莫哥洛夫清理战场

　　赋予"任意一条弦"这句话以不同的意义，结果也随之改变。这似乎自相矛盾。安德烈·柯尔莫哥洛夫（Andrei Kolmogorov，1903—1987）迎难而上，决心用对待数学里其他领域的方法来对待概率论，也就是说使用公理体系，而不关注经验案例。交由使用者来选择正确的界限！

　　柯尔莫哥洛夫将所有偶然经验里的相关要素都形式化。自他的研究发表以来，所有可能的结果的集合称为"样本空间"，记为 Ω；将样本空间的子集称为"事件"。当 Ω 有限的情况下，事件的集合就是 Ω 的子集的集合。这样一来，Ω 被称为必然事件，$\varnothing$ 被称为不可能事件。一个事件的补集被称为对立事件。两个分离的事件被称为不相容事件。如果 Ω 是无限的，那么就必须限定在一个被称为 $\sigma-$ 代数的子集里。

这一切似乎都很抽象，让我们用一副 32 张的卡牌来举例。样本空间应该由所有卡牌的集合构成。在样本空间的不同可能里，一个自然的选择就是笛卡尔的成果：{红心、方块、黑桃、梅花}和{7，8，9，10，J，Q，K，A}，即（红心，7）……直到（梅花，A）的所有组合。换句话说，每个基本事件都是一张牌。事件是一只手，如果用卡牌游戏的神圣术语来表述的话。

从这一形式体系出发，柯尔莫哥洛夫采用非常普遍的方法来定义概率（或者说概率测度）的概念，比如事件的集合 $p(\Omega)$ 在 [0，1] 里的映射，证实三个性质，$p(\emptyset)=0$，$p(\Omega)=1$，以及如果 A 和 B 是两个不相容的事件，那么 $p(A \cup B)=p(A)+p(B)$。以上定义只在样本空间有限的情况下才有效，最后一点应该在无限的情况下生效。在样本空间有限的情况里，概率 p 完全由它对基本事件的价值来定义。以卡牌游戏为例，我们又看到了概率的直觉定义：每个基本事件都是等概率的，所以每种情况有 1/32 的概率会发生。"抽到 K" 这一事件是四个分离事件的总和，即抽到（红心，K）、（方块，K）、（黑桃，K）和（梅花，K），其概率等于4/32，即 1/8。我们详细阐述这个例子是为了证明，柯尔莫哥洛夫的方法不会改变简单案例的结果。

从直觉上来说，如果两个事件对彼此没有影响，那么它们就是独立的，但这点非常模糊，很难应用到计算中。而柯尔莫哥洛夫可以用纯数学的方法来定义什么叫独立。如果两个事件相交的概率等于各自概率的乘积，那么这两个事件就是独立的。换句话说，如果 $p(A \cap B) = p(A) \cdot p(B)$，那么 A 和 B 就是独立的。所以，独立的概念取决于概率测度的选择。在经典的卡牌游戏例子里，直觉的和公理的两种方法殊途同归。

▼ 数学家的肉中刺

但是提纯概率论并取其精华并非数学家唯一的渴望。在一个几乎背道而驰的、非常实用主义的方法里，他们也将偶然带到了未知之境，将它变成了一种强大的计算技术，令所有科学学科都获益匪浅：蒙特卡洛方法。这个名字指向蔚蓝海岸边的"拉斯维加斯"，显然影射的是它赖以建立的偶然特性。蒙特卡洛方法的发明者是冯·诺依曼，他在第二次世界大战期间试图在某些计算中节省时间，尤其是要争分夺秒加快建造第一颗原子弹的曼哈顿计划。但概率论怎样才能加快计算速度呢？

在冯·诺依曼之前的 1777 年，以生物学家身份闻名于世的乔治－路易·勒克莱尔勒·布丰（Georges-Louis Leclerc de Bouffon，1707—1788）就曾有所涉猎。他苦苦思索以下问题：如果你家铺有地板，那也可以一起来动动脑筋：如果我们将一根长为 l 的针扔到地板上，地板的板条宽为 a，那么针正好落到两根板条之间的概率 p 为多少？答案是 $p=2l/(\pi a)$。它可以在评估 p 的同时计算 π。随便扔几根针，就能决定数学的一个基本常数，简直不可思议。

有些人偏偏不信邪。扔针的纪录保持者是瑞士数学家约翰·沃尔夫（Johann Wolf，1816—1893）。1850 年，他向板条宽为 8 单位的地板上扔了长度为 10 单位的 5000 根针！结果是 2532 次相交，得出 π 的近似结果 3.1596。对如此大的工作量而言，这个结果未免太不起眼了，但是说到底这并不重要，你已经明白了关键：扔针就像民意测验。和民意测验一样，样本数量越大，你就越接近真实的结果。蒙特卡洛方法正是专攻此道，从某种程度上进行虚拟实验，每次偶然抽牌都对应一次实验。它并非以决定论的方式来计算结果，而是以概率论的方式，尝试尽可能贴近真实值。

▼　伪随机数

在布丰的实验里，即使扔再多的针，也很难改善 π 的精确度。有一个方案，就是求助于伪随机数发生器，就能很容易地增加虚拟实验的次数。以下就是制造的方法：我们随机取第一项，比如毫微秒表示的时间，称之为随机种子，假设是3248455607。我们将该数字乘以16807，再除以2147483647，得到1316629168。再从这个新数字出发，重复刚才的运算，以此类推：914927888；1210101096；1498983382；1283038317等等。这一串数字看上去像随机数，但其实是决定论的。这种类型的数字序列能在很短时间里进行数百万次虚拟投掷，由此得到一个更精确的 π。与之相似的生成器能为蒙特卡洛计划提供随机数。

下面我们来展示一个故意胡乱使用蒙特卡洛方法的例子，以说明其原理。想象有一个糖果牌子，它决定将一支足球队里的队员形象放入巧克力里。它将11张图片随机放入巧克力包装里，求问一个球迷平均要买多少块巧克力才能集齐整支队伍。要想解开谜题，我们可以请一些人购买巧克力块，直到买齐整支队伍的所有图片，然后大家都拉了肚子。在实验结束时，我们计算出平均数，估算所求的平均值。还有一个更简单的方法：用1到11之间的伪随机数来模拟这一实验。我们得到的结果是33次，与长篇大论的理论研究得出的结果33.2相差无几。

随机过程中的马尔可夫链

在上述附赠球星照片的巧克力的例子中，从收集者的角度来看，他得到的一系列照片被称为一条"马尔可夫链"。这类过程由安德烈·马尔可夫（Andrei Markov，1856—1922）引入，具备"无记忆"的性质，下一状态的概率分配只由当前状态决定。

连续投掷几次骰子，就是马尔可夫链。气象预测却不是，因为海洋上方的气候变化取决于前几个月的天气，以及海水是否变暖等条件。马尔可夫链如今很有用，尤其是用于选定网上搜索最切题相关的页面。

借助决定论的过程来创造随机数，似乎有点自相矛盾。这种可能性反映了数学和自然现象里的某些过程内在的混乱，第一个提及这点的人是庞加莱。他如是说：

"在初始情况中的细微差别有可能会导致最终现象里的巨大分歧。起初的一个小差错可能会引发结果的大误差。预测就变得不可能，就会出现意料之外的现象……一个不为我们所知的极小的原因却决定了一个我们不能无视的重大结果，于是我们说这个结果出自偶然。"

后文我们会细述这位伟大的数学家是如何做出这一发现的。

分形，稍纵即逝的时尚？

让我们继续在偶然与混沌的领土上逗留一会儿，来看看分形几何里的曲线吧。说"领土"可一点也不牵强，因为分形几何尤其多用于为山势起伏和岩石海岸建模。大自然是纷繁复杂的，我们在其中遇到的东西很难用经典几何里的常见图形来建模。山不是圆锥形的，云也不是球体。血管系统、树枝、材料表面或地球表面又该是什么图形呢？

就以花菜为例吧。从花菜上掰下一小块，你就发现它与原先的大花菜非常相似。这种局部与整体之间的相似出现在不少自然物体中：雪花、肺泡等。微观与宏观的相似性使得伯努瓦·曼德尔布罗（Benoît Mandelbrot，1924—2010）获得灵感，在 20 世纪 60 年代将这类奇特物体命名为"分形"。在数学的许多领域里都能见到分形的踪影。分形十分有趣，而且极其丰富，在 20 世纪 90 年代末出现了一种衍生形式，有些人能在任何地方都看到分形。数学家当然也是时尚的追随者。

▼ 科赫雪花

有意思的是，最简单的分形例子比曼德尔布罗出现得更早一些，由黑尔格·冯·科赫（Helge von Koch，1870—1924）发明。一个简单的等边三角形无限重复，每次重复时都缩小一点，再加上 120° 和 240° 的旋转，就得到了雪花图案。

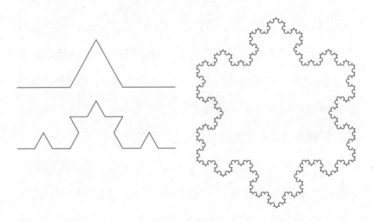

科赫曲线和科赫雪花

▼ 分形的维数

曼德尔布罗以拉丁词根 fractus（意为"碎裂的"或"不规则的"）为基础创造了分形一词。但在数学上，有一种比外表更精确的标准来定义分形，它依托于维数的概念。基本上，我们可以把分形曲线想象成一种介于线和平面之间的曲线。它的维数说明它更接近平面，也就是说它倾向于"铺展"，覆盖它所在的页面，或者相反，紧贴一条细细的轮廓线。

让我们用更严谨的眼光来看这条标准。在声称一条曲线是分形曲线之前，必须首先评估它的拓扑维数。大致上来说，如果一个集合由点构成，那么它就是 0 维；如果由线构成，那么就是一维；如果由面构成，就是二维……但是这样的"定义"无法令数学家满意，因为"构成"到底是什么意思？

下面这个定义建立在连通性的基础上，让人更容易接受。拓扑维数由递推来定义。我们把 -1 维赋予空集，采用以下规则：如果一个物体能被移除一部分维数 n 而被断开（即分成好几块），那它就是 n+1 维。用这种定义来判断，数量有限的点就是 0 维，一条直线是一维，因为我们从直线上去掉一点，就能让它断开。一个平面是二维，因为从平面上去掉一条直线，就能让平面断开。由此证明，科赫雪花的拓扑维数等于 1。

接下来要将这个值与另一个由费利克斯·豪斯多夫

（Felix Hausdorff，1868—1942）引入的维数相比较。它更像一个体积的概念，就好比填满空间里的所有层级。由于它的定义太过技术化，所以我们在保留其精髓的基础上做了一点简化。我们会用到无穷小的圆盘覆盖的概念。从平面上的一个有界区域 A 出发，数出能覆盖它所需要的、半径 $r>0$ 的圆盘的最小数量 $N(r)$。一般来说，当 r 趋向于 0 时，$N(r)$ 取决于极限 d。如果 $\delta>d$，当 r 趋向于 0 时，$N(r) r^\delta$ 趋向于 0；如果 $\delta<d$，则趋向于无穷大。这个极限 d 就是部分 A 的维数。对数量有限的点来说，维数为 0，对线段来说，维数是 1，对正方形来说，维数为 2。但是与拓扑维数不同的是，我们能得出其他结果，比如 1/2。

一开始，曼德尔布罗将所有豪斯多夫维数严格高于拓扑维数的子集都称作"分形"。在雪花的例子里，我们知道其维数是 ln 4/ln 3（维数大于 1），所以雪花是初始意义上的分形。后来，曼德尔布罗抛弃了这个定义，因为它将他想要归入分形的一些东西拒之门外，比如佩亚诺曲线（见下页图）——它能填满正方形，所以它的维数是 2。一般而言，当一个领域成为新数学的源泉时，不用太快规定条条框框，否则只会适得其反。

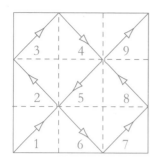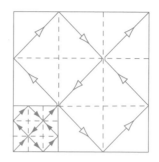

佩亚诺曲线的第一次重复，以及后续曲线的例图。
其顺序表示的是正方形的总数

▼ 动态系统里的例子

行星围绕太阳运行的轨迹、气体在发动机里燃烧、等离子体里电子的密度……这些都是动态系统，也就是说这些状态里的参数会随着时间而变化，必要时还可能会退化为混沌状态。动态系统是数学里的一个领域，我们经常在其中看到分形的身影。为了更好地说明本章的问题，我们将会探究一个尤其稀松平常的序列，但它蕴含着令人意想不到的丰富性：由初始条件 $x_0=a$ 和递推关系 $x_{n+1}=0.5x_n+x_n^2$ 定义的序列。混沌和分形最令人着迷的一点是，它们可能出自最简单的方程。

该序列最开始的项是什么？如果 $a=1$，$x_1=1.5$，$x_2=3$，$x_3=10.5$ 等。经过几次尝试，我们发现，根据初始条件值 a 的变化，x_n 序列会有三种可能的表现。

如果 a 属于开区间（-1，0.5），那么函数值趋向于 0。如果 a 属于开区间（-∞，-1）与（0.5，+∞）的并集，那么函数值趋向于 +∞。如果 a 属于集合 {-1，0.5}，那么函数值趋向于 0.5。

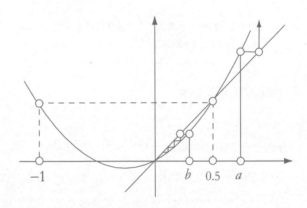

当初始条件 a 在（-∞，-1）∪（0.5，+∞），或 b 在（-1，0.5）时，对动态系统 x_n 的研究

这三个集合被称为 0，+∞ 和 0.5 的吸引域。理解什么是吸引域的最佳方式是，想象河流流域，它是雨滴汇入河流，或更精确点说，是汇入河口的点的集合。在这个例子里，我们注意到 0 和 +∞ 的吸引域，以及 0.5 的吸引域，存在着巨大差异。只有当序列是静止的，即最终等于 0.5 的时候，才能汇入这一点。它的吸引域只由 0.5 的前项构成。

我们还发现，当初始条件属于 0 或 + ∞ 的吸引域时，即使它发生了微小的变化，正常来说也不会影响最后的结果。相反，当初始条件属于 0.5 这个吸引域时，哪怕发生极小的误差，也会让它转向另两个吸引域中的一个，所以就会让动态系统的表现发生巨变。后文讲到气象预报中的蝴蝶效应时，我们还会遇到这一现象。此刻让我们暂时就此打住。

▼ 奇怪的边界

如果初始条件 a 是一个复数，那么这个微不足道的现象就变得蔚为壮观了。0.5 这个吸引域充斥着大量的点，因为方程 $0.5x+x^2=-1$ 有两个复数解 $-0.25 \pm 0.9682i$。两个方程 $0.5x+x^2 = -0.25 \pm 0.9682i$ 也是如此，以此类推，就产生了无限个初始条件，其序列趋向于 0.5。借助一台计算机，就很容易画出这一吸引域（见下页图）。

它看上去像一条曲线……但其实并非如此，因为它是不连续的。事实上，出现在电脑屏幕上的曲线 J 不是 0.5 吸引域，而是它的"附着域"，从定义上看，它是无限接近吸引域的点的集合。我们能证明，如果初始条件在 J 内部，那么序列趋向于 0；如果它位于 J 的外部，那么就趋向于无穷大。如果初始条件在 J 上，那么它的表现就远远没有那么规律。

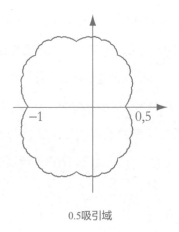

0.5吸引域

▼ 曼德尔布罗集合

我们刚刚看到的曲线尤其引起了加斯东·朱利亚（Gaston Julia）的研究兴趣（朱利亚曾经参加第一次世界大战，并身负重伤）。曲线 J（J 是朱利亚姓氏的首字母）往往是一个分形，它的形状可能比我们的例子奇怪得多，多多少少像一个围绕着 0 的变形的圆。

要想发现其他形式，只需要探索与以下函数相关的动态系统即可：$f(x) = x^2 + c$，其中 c 是一个复数。我们可以用与前面的例子相同的方式来构建这些系统。我们发现，曲线可能会发生奇怪的变形，就像在 $c = 0.32 + 0.043i$ 的情况中一样。

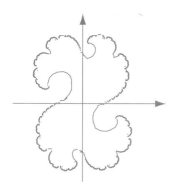

朱利亚集合 $f(x)=x^2+c$ 和 $c=0.32+0.043i$

在其他情况中,曲线分裂成好几段。仅仅使用个人计算机很难画出。曼德尔布罗注意到,朱利亚集合的不同形式都可以归纳为被冠以他名字的集合:

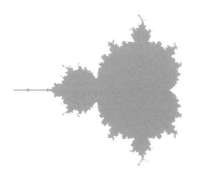

支配朱利亚集合的曼德尔布罗集合

举个例子，当 c 在心形的主要部分里时，朱利亚集合就是一条将两个明显不同的区域连成一片的曲线。

▼ 叙拉古猜想

我们刚才介绍的动态系统引发了许多猜想，其中最大名鼎鼎的就是叙拉古猜想。它与阿基米德生活的城市毫无关系，而是源自美国的同名大学。事实上，它来自洛塔尔·科拉茨（Lothar Collatz，1910—1990），他于 1937 年提出了这个猜想。科拉茨从任意一个整数 x 出发，如果 x 是偶数，则后一项为 $x/2$，如果 x 为奇数，则后一项是 $3x+1$，以此类推。比如首项为 7，我们就依次得到 22，11，34，17，52，26，13，40，20，10，5，16，8，4，2，1，4，2，1……这个三元组合会无限重复下去。

分形让约翰·纳什的梦想变成了现实

1994 年荣获诺贝尔经济学奖的约翰·纳什（John Nash，1928—2015）也是一位杰出的几何学家。在 20 世纪 50 年代，他证明能将一个正方形"折"成一个类似甜甜圈的形状，而且不改变原有图形的距离关系……但他并未提出具体的构建过程。最近，文森特·博雷利（Vincent Borrelli，1968—　）发明了一个介于光滑曲面（如环形圆纹曲面）和实现纳什转换的分形之间的东西。

　　科拉茨一直在尝试证明他的猜想（即不论首项为何数，该序列总是会落到这三元组合上）。1952 年，他与赫尔穆特·哈塞（Helmut Hasse，1898—1979）谈起，后者又在叙拉古大学展开了讨论，该猜想由此得名。当时正值冷战时期，许多美国数学家都耗费大量时间试图证明叙拉古猜想，有传言说这是苏联的阴谋，目的是拖慢美国的科研速度……但这难道不是数学家独有的幽默的证明吗？

对圆周率小数的痴迷追寻

数学家并不总在探究方程的深奥秘密，也不是每时每刻都在想象让你晕头转向的几何图形。有时候他们把无穷的精力用在一些看似毫无价值的问题上，简直像魔怔了一样。计算圆周率 π 小数点后的一千亿位？说实话，把宝贵的时间耗费在这上面难道不是发疯了吗？如果真的有用那还好说。可对于大多数实际使用情况来说，近似数 π=3.14 已经足够了，即使最严苛的要求也仅要求精确到小数点后数十位！

那么为什么美籍华裔余智恒（Alexander Yee）和日本人近藤茂（Shigeru Kondo）在 2016 年宣布计算出圆周率小数点后的 22.459 万亿位？或许我们更应该问，为什么他们有权利使用大学里的超级计算机来满足自己的私欲？热衷于将科学大众

化的全球媒体对 π 的任何一点点研究进展都表现出极大的热情。这个数到底为什么有那么大的吸引力？在诗人眼里，答案很简单：π 是海妖塞壬，只不过它与后者不同，是用无穷无尽的数字之歌来施展妖术。这一连串数字里蕴藏着整个宇宙：它包含了《女武神的骑行》的乐谱，也用 0 和 1 编码了蒙娜丽莎的微笑。只有顽石才能抵挡得了它的诱惑。

▼ 疯狂而古老的竞赛

17 世纪初，鲁道夫·范·科伊伦（Ludolph van Ceulen，1540—1610）计算出了 π 小数点后的数十位 3.14159265358979323846……确切来说，他用阿基米德的割圆法（即用规则多边形不断逼近圆）计算出小数点后 35 位。自 1706 年起，约翰·梅钦（John Machin，1680—1751）用小数点后 100 位打破了该记录。他用一种基于以他名字命名的公式的分析法代替了几何法。

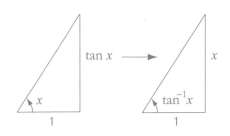

正切函数的逆函数的定义

梅钦公式用了正切函数的逆函数，称为反正切函数，记作 $\tan^{-1}$：

$$4 \tan^{-1}(1/5) - \tan^{-1}(1/239) = \pi/4$$

为计算正切的值，我们使用詹姆斯·格雷果里（James Gregory，1638—1675）的展开式，即 $\tan^{-1}x = x - (x^3/3) + (x^5/5) + \cdots\cdots$

▼ 现代纪录

1973 年让·吉尤（Jean Guilloud）借助与梅钦公式相近的公式计算得出圆周率小数点后一百万位（可以用三角函数得到相似的公式，甚至可以使用计算机将研究自动化）。计算只用了一天时间。但是该方法要求 n 位数字的数相乘 n 次，才能得到小数点后 n 位，所以无法在不从头来过的前提下打破这一纪录。要得到小数点后一千万位，如果使用同样的计算机和同样的方法，就需要 10^3 天，即整整三年。

所以，后来打破纪录的数学家就利用了更复杂的公式，尤其包括平方根。计算的次数就大大减少了。1999 年 11 月，金田康正（Yasumasa Kanada）突破了小数点后 2000 亿位。为了打破这个新纪录，似乎只能在数学算法的复杂性上再动脑筋了。2002 年，当金田康正宣布创下新纪录时，犹如一石激起千层浪，他使用梅钦公式就计算得出 π 小数点后 10000 多亿位。

实际上，在使用过更复杂的算法之后又回到这些相对简单的公式，并没有什么值得大惊小怪的。虽然算法不断进步，但是涉及平方根的计算超出了计算机的能力。平方根运算需要大量内存。所以金田康正又回到了原来的方法，虽然在算术运算上更费力，但并不包含平方根。

▼ 追求算法效率

在普通人看来，计算机性能的角逐主要集中在处理器上。事实上，对于密集的计算而言，内存同样也是一个不可忽视的参数。就连世界上最巨型的计算机也面临着内存管理的困境，网络与内存的通信有时很快就饱和了，速度远超使用这些信息资源的科学家的预想。

这充分说明，针对圆周率小数点后数字的疯狂竞赛有什么意义。第一个用处是在真实情况下测试计算机—算法的链条。尤其是金田康正的最新一次计算告诉我们，与前二十年的做法相反，我们无法完全忽视对执行算法来说必不可少的内存容量。在这点上，时间无疑比空间更重要（在某种程度上）。从这些经验中吸取到教训的科学家重又回到了更复杂的算法上。

▼ π 是一个"正常的"数字吗？

第二个用处是纯粹数学意义上的，即测试 π 小数点后数字的假设。比如它似乎遵循一种有规律的分配方式。在前一百位里，十个数字（0 到 9）出现的频率是一样的，在前一万位、前十万位中都是如此。而且不仅如此。这个规律还适用于两位数（比如，11 和 12 或 98 出现的频率相同）、三位数等等。

这样一个数字似乎是根据某种完美的配方制作出来的，却被埃米尔·博雷尔（Emile Borel, 1871—1956）矛盾地冠以"正常"之名[1]。博雷尔何出此言？单纯是因为他刚刚证明，与常识告诉我们的相反，几乎所有实数都具备这种性质。这里的"几乎所有"一词应该从概率论的角度去理解。奇怪的是，我们只知道极少的正规数，因为任何有理数都不是正规数，因为其小数点后的数字是周期性复现的。说实话，我们也不知道 π 到底是不是一个正规数。

为了得到一个正规数，我们只得人为地构造，比如

---

[1] 法语中正规数 nombre normal 直译为正常数。

0.12345678910111213……这样一个接一个地罗列自然数。戴维·钱珀瑙恩（David Champernowne，1912—2000）想出了这个数。任何数字都可以由构建而得，π 也不例外。比如，我们在 π 的小数点后第 52539337 位起，找到了 10121948，即 1948 年 12 月 10 日，《世界人权宣言》颁布的日子。如果你更想用美式习惯写这个日子，12101948，那么在小数点后6187652 位也能找到它。

想不想来试一把？你可以选择任何一个历史日期，你的生日也行。你十有八九能在 π 里找到它们，因为在小数点后2亿位（在网上很容易找到）里找到一个八位数的概率是 63%。所以，正规数包含无论哪一串数字序列。

这个性质适用于比正规数更大的家族。这种包含所有其他数的"箱子数"被称为合取数。如果你用一连串数字来为一篇文章编码，那么你必然会在随便哪个合取数里找到它的踪迹。π 是一个合取数吗？一切迹象都指向肯定的回答，虽然没有任何绝对的证据可以提供支持。如果的确如此，那么我们就能从中读出《圣经》、《古兰经》、莫里哀和莎士比亚的所有作品……甚至你明天将会写给好友的信件内容。整个宇宙的未来都已经在 π 里了。

千禧年大奖难题

1900 年在巴黎举办的国际数学家大会上，召开了一场名为"关于未来的数学问题"的会议，数学界的重量级人物戴维·希尔伯特（David Hilbert，1862—1943）提出了 23 个他认为对数学的未来至关重要的问题，在发言一开场，他就描述了他心目中的好问题："要想有吸引力，数学问题就必须有难度，但又不能让人觉得束手无策，否则就是对我们努力的嘲笑；相反，它应该是一把货真价实的钥匙，能带领我们穿越错综复杂的迷宫，最终找到被隐藏的真理，而我们会因发现了答案而感到狂喜，这就是我们努力的奖赏。"

这些问题中有些已经在前文提及过。第八个问题就包含了不少猜想，想必你对它们的名字并不陌生：哥德巴赫猜想、孪生质数猜想和黎曼猜想。同样，我们在《不可能的眩晕》一章中介绍的费马定理是第十个问题里的例子之一。20 世纪，希尔伯特发起的挑战挑起了好几代数学家的兴趣，带来了极其丰硕的成果。由兰顿·克雷（Landon Clay，1926—2017）创立的克雷数学研究所在 21 世纪初在此基础上加以革新，公布了千禧年大奖难题，能解答这七个问题中的任何一个，都可以赢得一百万美元奖金。

▼ 曲面和洞

千禧年大奖难题中有一题很快就被解答出来了，它就是庞加莱猜想，于 2003 年被证明：任何一个单连通的（即有平凡基本群）、封闭的三维流形与三维球面同胚。这是一个很好的例子，能向尚抱有怀疑态度者说明有些很容易做出的陈述却可能包含着深不可测的神秘。庞加莱猜想是一个拓扑学问题，拓扑学研究几何图形或空间在连续改变形状后还能保持不变的一些性质，就好比它们是用橡胶做的，这种仿佛动画片里才会出现的橡胶能够随意拉伸或压缩。

举个例子，一个曲面的基本拓扑性质是它被穿了多少个洞。为什么这个问题很重要？因为它决定了这个曲面形态会发生哪些可能的变化。一个球体、一个蛋、一个立方体上面都没有洞，它们共有的这一性质使得我们能得到一系列连续变形，从而让一个图形变成另一个图形。同样，一个救生圈、一个内胎、一个甜甜圈和一只只有一个手柄的杯子是等价的，因为它们都只有唯一一个洞。反过来，不可能在不撕裂表面的情况下把一个球体变成一个甜甜圈。

要想理解这一猜想的表述，我们就需要弄清楚拓扑学上常常用到的另一个概念："单连通"。如果一条画在上面的（或放置在其上的）线能连续收缩至一个点，那么这个曲面就是单连通的。所以，球体是单连通，但是甜甜圈不是，因为如果线穿过中间孔洞，就不可能缩小成为一个点。

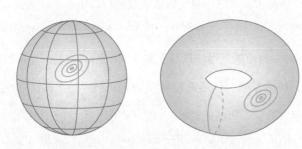

一个球体和一个甜甜圈，能收缩至一个点的线，以及无法收缩成一个点的线

对于二维曲面来说，如球体或甜甜圈，所有单连通的曲线都等价于球体。而对于高维曲面来说，情况就更复杂了，没

法笼统归为一类。考虑到可定向性（即能分辨出这一曲线的内外两个面，对下图里的莫比乌斯环来说就是不可能的）和密度的假设，可以根据洞的数量来分类。

庞加莱在思考三维曲面时，提出猜想：三维球体是唯一一种单连通的封闭的三维曲面。他并没有花很多力气来证明，因为他素来具备传奇般的直觉，他对此猜想的评价是："这一问题会把我们带到太远的地方。"的确如此，该问题让后来者走得太远太远，

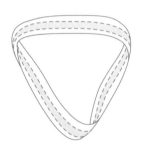

莫比乌斯环只有一面

直到格里戈里·佩雷尔曼（Grigori Perelman，1966—　）证明了猜想……他抛开那些他认为显而易见的点。该证明走的捷径被其他数学家补充完整后，2006 年国际数学家大会决定给他颁发菲尔兹奖，佩雷尔曼拒绝领奖。当 2010 年克雷数学学院决定向他颁发一百万美元的奖金时，不出所料也被他拒绝了。

▼ 算法复杂度的挑战

数学在一百年来进步发展的一个证明，是另一个与算法，也就是与信息学息息相关的千禧年大奖难题。它关注的是算法的复杂度，即其执行速度。一个算法需要的计算步骤越少，计算机得出结果的速度就越快。我们将类似计算机性能和操作系统的外部参数都放在一边，只关注算法本身的效率。当我们在计算机上为一个数学问题编写程序时，必须事先考虑到算法能否在一个合理的时间内得出结果，并且确保运行的时间不会激增（在这种情况下，哪怕计算机性能提升两倍也无济于事）。

就以整理扑克牌为例。很容易测试出一副 n 张的扑克牌是否已经理好：我们一张一张来看，验证新牌是不是比前一张大。这一算法的复杂度（运行时间）与 n 成正比。然而整理扑克牌需要的计算步骤要多得多。必须先测试前两张牌，如果顺序不对就进行交换，测试接下来的两张牌，如果需要再进行交换，回到前两张牌，以此类推……

这一算法的复杂度与扑克牌所有可能的变换的总数成正比，即 n 的阶乘（整数 1 到 n 的乘积，记作 $n!$）。这可是个巨大的数字！哪怕在 n 的值较小时计算机还能正常运行，要想整理 32 张牌就明显力不从心了，因为 32！相当于 2.6×10^{35}。

换句话说，如果每一次运算都只花费一毫微秒，整理整副牌就要用上超过百万兆年！

这个算法虽然在逻辑上没什么问题，但在实际操作上效率太低。另一种整理的方法就是排摸整副牌来寻找第一张牌。我们将这张牌放在一边，从头开始再来一遍，以此类推。这种新算法的复杂程度与 n 的平方成正比，这就相当合理了。

▼ 简单还是难？

既然你已经明白了计算复杂度的意义所在，那么让我们在回到庞加莱猜想之前先看看几个定义。普遍而言，一个算法从数据（可以通过整数 n 来衡量数据的大小）出发提供一个结果。在整理扑克牌的例子里，n 是需要整理的元素数量。我们就把大小为 n 的数据的最大复杂程度叫作 $T(n)$ 吧。如果 $T(n)$ 能用一个形式为 $A \le n^k$（其中 k 是自然整数，A 是正数）的项表示，那么该算法就被称为多项式复杂程度。我们同意，只有这些算法才可以在实际中使用。如果一个问题存在多项式复杂度为 P 的算法，我们就称它为 P 问题。所以扑克牌整理是一个复杂度为 P 的问题（复杂度与 n 的平方成正比）。

无法找出多项式时间复杂度的算法里有一个经典问题：旅行商问题。讲的是一个旅行商必须拜访 n 座不同的城市，这些城市之间由某些道路相连。问题是如何才能使得他经过的路径长度为所有路径之中的最小值。如果每两个城市都由一条道路相连，那么可能经过的道路数量可以通过 n 种可能性的阶乘求得。有一种简单的算法，是列出所有路线的清单，但这不是多项式复杂度的算法。那么这样的算法到底存在吗？还没有人能回答。

▼ 猜想：NP 问题

我们用来整理扑克牌的机器是决定论机器，这种类型的机器在信息学里广泛使用。在每个行动之后会有另一个决定论的行动接踵而来。如果一个问题可以在多项式时间里被一个非决定论机器解决，那么这个问题就被称为 NP 问题。那么什么是非决定论机器呢？别费劲在你脑中的小超市里翻找了，它其实是一个理论工具。描述这样一个机器是非常抽象的。

然而完全可以在不纠结于细节的条件下理解为何旅行商问题是 NP 问题。只要想象一下有无数一模一样的计算机。我们让每台计算机都计算一条可能路线的距离。每个结果都在多项式时间里得出。如果一台超级计算机能够立刻找到这些数中最小的数，那么总时间就是多项式的。初步估计，有可能把我们的非决定论机器想象成如上所述的不可能组合。这些想象的机器的意义在于，我们能证明大量难题是 NP，哪怕我们不知道它们是 P。

千禧年大奖难题里有一个与算法复杂度相关的问题：P=NP？换句话说，是否所有的 NP 问题，即令人绞尽脑汁的难题，都可以用最小复杂度算法来解决？我们有理由这样想，因为这就意味着我们能够在多项式时间里解开旅行商问题。

NP 完全问题是那些只有当 P=NP 才能在多项式时间内解答的问题。旅行商问题是一个 NP 完全问题，但还存在很多其他问题，比如理论上无足轻重的摊平折纸问题（见下文引文文字）。为 NP 完全问题找到一个多项式算法，相当于解决了 P=NP 的谜团。快快来解谜吧，就能把百万大奖抱回家。

摊平折纸就能赢取百万美元大奖！

日本折纸艺术作品被称作 origami（ori 为"折"，gami 为"纸"）。我们这里要说到的是，这些微型雕塑分为两种：可以在书页中摊开压平并且不会受损的（著名的纸折鸡就是一例），以及无法展开压平的（纸折球就是一例）。科学家感兴趣的是以下重要问题。如何从折痕预知一个折纸作品能否摊平？1996年，信息学家巴里·海斯（Barry Hayes）证明了这是一个 NP 完全问题！所以它价值一百万美元……

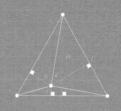

第三部分

数学的核心

现在我们试试看进入数学家的头脑和内心，体验一下数学家这个职业，他们从哪里得到灵感？数学里有什么让他们情有独钟？要想明白，就必须先抛开那些错误的念头！数学家都是些热血人士，热衷于分享自己的爱好。请放心，他们绝对不是生活在孤独困苦的地狱里！相反，数学家常常一起工作，利用期刊和频繁举行的研讨会来互通有无。

然而，上述问题并非无足轻重，它们决定了数学家的思维方式，甚至他们看待世界的方法。比如，他们中有一些认为，我们只是一个先于我们就已经存在的世界里的探索者。而其他人在形而上学上的执念却引发了数学基础危机，在20世纪初动摇了数学的根本。

简而言之，在前面几章中，我们审视了数学的起源和发展，它正朝向越来越抽象的方向前进，后面几章将会探讨数学文化的基础。本书的第三部分将与哲学手牵手，齐头并进。其实早在古希腊，哲学和数学就已经紧密相连了。对当时的哲学家来说，数学这一学科是灵感的来源。而且几乎所有的哲学家都是数学家，直到18世纪的莱布尼茨。不仅如此，数学家还造就了笛卡尔的《方法论》。在《纯粹理性批判》里，康德也断言了数学的重要性，他坚称是数学令哲学得以存在。

数字的学问与精神的学问之间存在着历史纽带，这无疑解释了，在数学的深处总能找到关乎本质的哲学问题，如今这些问题总是由数学家提出，哲学家却退居其后。数学的现实到底是什么？证明到底是什么？无限到底是什么？我们能证明一切都是真实的吗？

但是在开始这场精神旅行之前，让我们先去中世纪末期拜访一下沉迷各种科学的腓特烈二世。

数学，谜之科学

数学烧脑题的爱好者们，你们有福啦！本章是全书最有趣味的一章。像我在第一部分里那样介绍数学王国里的抽象建筑，美则美矣，却有一个缺陷：各位看到的是一个冷冰冰的世界，令它们得见天日的充沛激情都被抹去了。激情，当我们用来形容数学家的时候这个词显得多么不合时宜！然而，数学这个学科就是由热爱、由美、由审美筑造的。

玩过魔方或俄罗斯方块的人都感受到过这种原始的激情，看到砖块和谐地嵌合在一起，玩家都会感到一种由衷的满足。这种激情正是数学家潜心钻研的基础，但还有一个特定的领域，能带来更即时更直接的快乐，那就是数学游戏和数学谜题。数学家对它们的痴迷由来已久，它们也为数学家带来了智力上无穷无尽的快感。我们已经看到，文艺复兴时期的数学家热衷于互相发起挑战，但最早的数学竞赛还要早得多，可以追溯到中世纪的 1225 年，组织者是普鲁士国王腓特烈二世。

腓特烈二世想要考验斐波那契（我们在介绍阿拉伯数字引入西方时提到过他），给他出了好几个难题。斐波那契大获全胜，赢得了比赛，令一起参赛的其他数学家沦为笑柄，因为所有问题毫无例外都在他们面前笑到了最后。其中有一个问题能让随便哪个数学挑战爱好者血脉偾张："请找到一个数字，使得它的平方增加或减少 5，就能得到另一个平方。"这其实是一个丢番图方程，即未知数为整数（或有理数）的方程。斐波那契得出有理数答案 41/12。从这个角度来看，他完成了从丢番图到费马这一时期在这个领域里的唯一飞越。

▼ 第一批数学游戏消暑增刊

斐波那契在他那本教育意义大于娱乐意义的《计算之书》（*Liber Abaci*）里也提到了以下练习，也许它的答案能给你一些启发："假设有人将一对兔子放在一个围墙高竖的地方，一年里这对兔子会生下多少小兔子？我们已经知道一对兔子每个月能生出另一对小兔子来，而小兔子出生后一个月就能长大，再生一对小兔子。"

这个问题会得出序列 1、1、2、3、5、8、13 等，每一项都等于前两项的和。在 19 世纪时，爱德华·卢卡斯将它称为"斐波那契数列"，相信所有数学爱好者对它都不会陌生。

然而第一本闻名于世的数学谜题集（或数学消遣读物）并非斐波那契所著，其作者是英国诗人、智者、神学家阿尔昆（Alcuin），他也是查理曼大帝的谋士之一。那本书标题是《磨锐青年思维的谜题集》（*Propositiones ad acuendos juvenes*）。书中收录了关于狼、羊和白菜的著名问题："有个人必须和一头狼、一头羊和一棵白菜一起过河。他乘坐的船每次只能运载三个中的一个，而他不能将狼和羊同时留在岸边，也不能让羊和白菜同时留在岸边。他该怎么办呢？"

在 18 世纪，这个过河问题有了新的传承：在欧洲城市东柯尼斯堡，有一条河穿过城市，河上有两座岛，有七座桥把两个岛与河岸相连，如下图所示（如今这座城市位于俄罗斯，叫作加里宁格勒）。

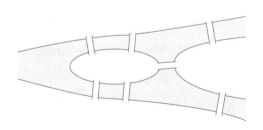

有个问题一直在困扰着城里的居民：能不能从城市的一点出发，不重复、不遗漏地走完七座桥，再回到起点？欧拉证明这是不可能做到的，于是催生出数学的全新领域——图论。事实上，我们能用一张图来表示柯尼斯堡，即将一个点放在被河流分开的四个街区里，点与点之间的连线代表桥。在这种理论里，我们将欧拉试图完成的路线称为欧拉回路。

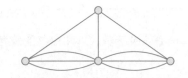

柯尼斯堡七桥图，将城市图旋转了90°而得

▼ 　一篮鸡蛋

从这个例子可以看出，这些问题并不是为了实际应用而设计，那么它们的意义何在？当然是为了开心啊！这样的例子不在少数。如果在解答问题的同时还能开辟全新又实用的数学理论，那当然是意外之喜。比如我们下面要说到的鸡蛋篮子谜题。在《既有趣又令人惬意的数学问题》（写于17世纪）里，梅齐利亚克向我们描绘了发生在一个村庄广场上的场景："一个穷苦的农妇提着一篮鸡蛋去市场上售卖，被某个人

推搡后，所有的鸡蛋都掉到了地上打碎了。肇事者要赔偿她，就问她一共有多少个蛋。农妇记不得确切数字，但是想起来，无论是两个两个数、四个四个数、五个五个数，还是六个六个数，每次就会多出一个蛋。如果七个七个数，就不会多。肇事者猜出了鸡蛋的数量……"

这个问题推导出了方程式 $7x-60y=1$，以及《既有趣又令人惬意的数学问题》里的一条定理："如果 d 是 a 和 b 两个数的最大公约数，那么就存在两个数 u 和 v，使得 $au+bv=d$。"有一个能帮我们找到 u 和 v 的算法紧随其后。经证明，该问题有无穷无尽的答案，其中最小的是 301。这个农妇真是力大无穷啊……我们还是不再赘述类似的无数例子，来看看数学游戏届的杰出高手发明了哪些谜题吧！

▼　梵塔

当爱德华·卢卡斯在 19 世纪时介绍他的纯金圆盘难题时，阿尔昆和梅齐利亚克时代的时尚已经远去。田园风光和乡村故事已经落伍，来自遥远东方的异国情调和莫测神秘占了上风。卢卡斯声称受到一则古老传说的启发（其实他才是幕后作者）：

"在贝拿勒斯（今印度瓦拉纳西）的圣庙里，一个黄铜基座矗立在标志着世界中心的圆顶之下，基座上钉着三根镶满钻石的针，每根针高一肘尺（法国古代长度单位，约等于 0.5 米），细如蜂腰。早在创世之初，梵天就在其中一根针上从大到小放了 64 个纯金圆盘，最大的那个靠在黄铜基座上。这就是梵塔。僧侣们日夜不休地将这些金盘从一根针上转移到另一根针上，同时尊重梵天制定的法则：每次只能移动一个金盘，并且小金盘只能放在大金盘上面。当 64 个金盘从梵天在创世时放置的针上转移到了另一根针上，那么这座塔、这个圣庙，以及所有僧侣都将灰飞烟灭，整个世界在电闪雷鸣中消失。"

这个问题相当经典地引出了递归问题，因为只要知道怎么转移两个圆盘，就能推出一般情况来：

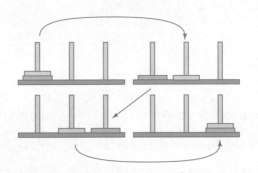

过渡到三个圆盘似乎非常复杂，但是这里可以变一个令所有数学家拍手叫绝的戏法：把上面两个圆盘看作一个整体。是不是个古怪的主意？其实这真的能行得通，因为前一幅图告诉我们，移动两个圆盘是完全可能的。事实上，无论多少个圆盘，解法都和两个圆盘一样。只需要增加中间位置即可。

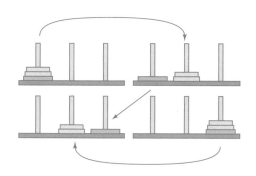

僧侣们需要多少时间才能移完 64 个圆盘呢？即使他们移动一个圆盘只需要一秒钟，要完成这项任务也需要 $2^{64} - 1$ 秒，即 6000 亿年左右！看来世界末日不会那么快到来了！

▼　麦粒

在梵塔谜题里用到的组合分析让人想起了另一个更古老的谜题。相传，国际象棋是印度一个名叫西萨的僧侣为博君王一笑而发明的。为了感谢西萨，国王让他自己选择要什么奖赏。西萨请国王在棋盘的第一个格子里放一粒麦子，在第二格里放两粒，在第三格里放四粒，以此类推，每次都比前一个格子里的数量翻倍，直到放满所有的格子。

国王觉得这个要求很容易满足，就同意了。但他失算了。为什么呢？他不明白，所需的麦子数量达到了一个天文数字：$2^{64}-1$。一粒麦子平均重约 30 毫克，总量相当于 5000 亿吨，即地球年产量的 1000 倍之多！

▼ 整人大师 [1] 劳埃德

数学游戏界的大人物还有：萨姆·劳埃德（Sam Loyd，1841—1911）和亨利·杜德尼（Henry Dudeney，1857—1930）。虽然劳埃德创造出了五千多个谜题，但最声名远播的还是在四乘四棋盘上玩的 14-15 游戏。其中十五个格子写上数字 1 到 15，每个格子都可以移动。从棋盘的某种布局开始游戏，目标是将它们各归原位。

1	2	3	4
5	6	7	8
9	10	11	12
13	14	15	

[1] 14-15 游戏在法文里称为 le taquin，直译为"爱戏弄人的人"。

从解法来看，这个游戏可以被归入群论范畴，在劳埃德的时代，群论可是数学里最尖端前沿的领域。大名鼎鼎的魔方，1974 年由厄尔诺·鲁比克（Erno Rubik，1944—　）发明，就是它的直系后代。

亨利·杜德尼则因发明了以密码为形式的数学谜题。杜德尼以创造谜题为职业。1924 年，一张报纸刊登了一道他想象出来的加法：SEND+MORE=MONEY，其中每个字母都代表一个数字。目标是找到每个词后面隐藏的数字。这类要在等式中寻找所包含的数字的数学游戏，从此以后就被称为"密码算术"，这个新词（cryptarithme）是由希腊语里表示"隐藏"的 kryptos 和表示"数字"的 arithmos 组成的。

杜德尼的密码算术自有其优点：只有一个解，而且在英文中的意思还颇有趣味（"给我送更多钱"）。如果你想试试身手的话，有一个小诀窍可以分享给你：要解决这类问题，最紧要的就是考虑进位数，当两个数字相加时，进位数只能等于 0 或 1。最终结果是 9567+1085 = 10652。

▼ 不可能的普及者

还有一个数学游戏领域的响亮名字不得不提——马丁·加德纳（Martin Gardner，1914—2010），他离我们的时代更近，能借趣味数学题引出本书此前介绍过的不少新概念，比如分形。举个例子，下面这个谜题就引出了数学里的一个核心概念——不变量："有一张棋盘和一些多米诺骨牌，每个多米诺骨牌能覆盖两个相邻的格子。将棋盘对角线的两个格子去掉后，多米诺骨牌能铺满剩下的格子吗？"

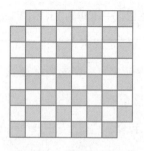

解答这道题目的推理过程简单明了，又令人击节赞叹：一个多米诺骨牌总是能覆盖一个白格和一个黑格。几个多米诺骨牌就能覆盖同样多的白格和黑格。然而少了两个角落格子的棋盘只有 32 个黑格和 30 个白格。所以就不可能覆盖全部。是不是妙不可言？

数学家都是柏拉图派吗？

　　不论是不是真的刻在学院的三角楣上，"不懂几何者不得入内"这句话的确符合柏拉图的思想——哲学家应该学习几何。在《理想国》的第七卷里，他也提到学习几何是学习哲学的先决条件，在塑造公民中起到不可或缺的作用。数学铸造了柏拉图的思想。数学家和哲学家之间的这条纽带源远流长（在当代哲学家身上几乎消失殆尽，除了硕果仅存的几位之外）。

　　相反，数学家却一直在刨根问底，探寻数学这门学科的根本性质。数学家一次次识破表面毫无关系的概念背后隐藏的秘密联系，又一次次在八竿子打不着的数学领域之间架起桥梁，随后开始怀疑是否真的是自己创造了世界。这条将代数与几何相连的定理，真的是我们提出的吗？还是早在我们之前就存在了？数学的大厦宏伟富饶，彼此密不可分，许多数学家不免感到，他们一直都在攀登一座在他们产生兴趣前就已矗立在那里的高山。这个哲学思考可以总结为以下这个问题：数学家是柏拉图派吗？

▼ 柏拉图和洞穴迷思

柏拉图派？让我们从柏拉图提出的洞穴迷思开始说起。在古希腊，人们习惯于用比喻来引出抽象概念。我们还记得，柏拉图想象一群人被关在洞穴里，他们只能看到一些在墙壁上移动的影子。他认为，这些囚徒能想象外面发生的林林总总，但他们的想象永远是扁平狭隘的。要传达的信息很明确。对柏拉图来说，这个比喻反映了我们无法理解现实。如同洞穴里的囚徒一样，我们只能仓促瞥见一个更大的世界，而那个世界不为我们的感觉和想象所理解。柏拉图把这个外面的世界称为"理念世界"（虽然它对他来说非常具体）。

这个更大的世界真实存在吗？柏拉图认为它存在，由此采纳了灵魂不朽的论点。在他看来，灵魂来自此世，因此保留着模糊的记忆。古希腊哲学有时候会显露出一种执拗劲儿，在数学家身上也屡见不鲜。2+2 等于 3.99，对他们来说就是不可能的。没得商量，一定是 4。这种劲头如果止步于某些范围里当然说得过去，但有时候也会导致无用的荒谬结果，比如不朽灵魂这种理论。柏拉图利用洞穴迷思来解释我们进入他的理念世界的本能途径。他认为，我们不是在学习，而是在回忆。

这种看法解释了苏格拉底在《美诺篇》里的教学法，他当时向一个奴隶讲解毕达哥拉斯定理，后者应该重新找回久远以前的知识，那时他的灵魂还不是躯体的囚徒。苏格拉底帮助他"分娩出"已经存在于他身上的东西。从这个意义来说，发明是不可能的，只有发现才有可能。在数学上这个词也被广泛使用。而当我们说一个数学家"发明了一个定理"，通常是带有贬义的，因为言下之意是这些定理都是错误的。

▼ 数学的世界在人类之前就已经存在了吗？

那么，数学家是柏拉图派吗？他们相信有一个数字的世界先于人类存在，我们只是谦卑的探索者吗？可以确定的是，数学家发明的世界与柏拉图的理念世界相仿。真实世界里的任何一点从来都不是我们想象出来的理想之点。它必定有一定的厚度。直线和圆也是如此。

　　自古以来，几何的世界就是由某些公理统治着的，即一些无需证明却被接受的结果。这个方法后来被希尔伯特在 20 世纪初普及和深化。时至今日，每个理论（算术理论、几何理论等）都有构成它的公理。这些理论与现实的关系错综复杂。正式来说，科学家认为，公理来自创造这些理论的人的自由意志。这种说法合乎逻辑吗？还是一种摆脱现实的方式？

▼　叙拉古围城战

　　还是让我们留在几何的地盘里找找例子吧。我们来聊一个与焦点相关的抛物线性质。相传在叙拉古围城战中，阿基米德利用它点燃了罗马战舰的风帆，虽然事实上这很难实现。现代的实验证明了这只是传说而已。

　　如果一条与抛物线对称轴平行的直线 D 与抛物线在 M 点相交，那么以经过 M 点的抛物线切线为对称轴与 D 对称的直线经过抛物线的焦点。这一性质在我们的日常生活里有着显而易见的影响：建筑的屋顶、太阳能灶、汽车的车头灯等都是照此设计的。换句话说，抛物线的特点不仅在几何世界里具有深远的意义，而且在现实世界里也能一展所长。

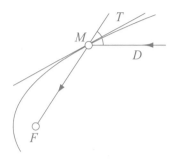

很少有数学家真正怀疑数学在现实世界里的作用，虽然有些科学家，比如物理学家尤金·维格纳（Eugene Wigner，1902—1995）视之为"不合理"，后文还会详细谈到他。如果你问数学家什么是公理，他们很有可能像我们上文那样回答："公理就是人们人为设定的规则，在此基础上根据逻辑法则发展出严密的理论。"从这个角度来看，这一理论并不比作为其基础的公理更"真"或更"对"。然而，得出的结果极其可靠。如果我们承认公理是"真理"，那么定理也同样如此。

▼ 理念世界

既然"真"是带有前提条件的，那么为什么数学结论能应用于现实世界呢？答案很简单。公理并非随意选择的！它们被选中恰恰是因为从中得出的数学理论是现实的绝佳模型。为此，它们从现实世界里汲取灵感。如同柏拉图一样，数学家发明出理念世界，现实就是其影子。

从这个意义上来说，数学家都是柏拉图派，但是他们很少被自己的模型所蒙骗。他们清楚明白，他们的理念世界是一个抽象概念，它们就是其源头。这不是一个自古以来就有的先设世界，像柏拉图的理念世界一样。换句话说，数学并不是存在于一个非历史性的世界里。数学会发展变化，它是历史的产物。我们甚至不能断言，数学真理都是永恒不变的。如果观点变了，那么原先的真理也就被超越了，几何的发展已经告诉了我们这一点。

用阿兰·巴迪欧在《数学颂》里的话来说，数学思想朝向两个主要的方向发展。第一个方向我们称之为柏拉图派，可以概括为现实主义的。当伽利略说世界是用数学语言书写的时候，他就是这个方向的代言人。第二个方向认为公理是任意选定的，可以归为形式主义。在这个框架里，数学单纯就是一种语言游戏。这种观点来自亚里士多德，他认为数学首先是美学，与现实没有实际的联系。

但即使大部分数学家是用数学的美来评判它的，却很少有人在数学里看到它与现实的联系。这一看法的代表人物是以维特根斯坦为首的哲学家。这两个方向——现实主义和形式主义——在任何一个数学家身上都会存在。数学家是先设世界的发明者。悖论吓不倒他们。

柏拉图派代表人物现身说法

夏尔·埃尔米特（Charles Hermite，1822—1901）

"如果我说在数学和物理学之间没有任何隔断，没有任何隔阂，你一定会大惊失色。我还认为，整数存在于我们之外，并且以与钠和钾等同样的必然性、同样的命定成为必要。"

库尔特·哥德尔（Kurt Gödel，1906—1978）

"我感觉，在清楚阐明相关概念之后，就有可能以数学的严谨来进行讨论，其结果则是……唯有柏拉图主义的概念才是站得住脚的。就此，我想说的是数学用于描述非感官现实的概念，独立于人类的行为和喜好存在，只能被人类心智以一种非常不完整的方式觉察到。这种观点在数学家里并不受欢迎，但在一些大数学家里找到拥趸。"

勒内·托姆（René Thom，1923—2002）

"随着我们不断思考，数学的念头在我们的脑中生成。但是在我们不思考的时候数学也存在着，它存在于某个地方，并不只是在我们的记忆里：数学也存在在别处……。"

阿兰·科纳（Alain Connes，1947— ）

"我认为，数学是一个对象，和科学（如地质学、粒子物理学等）研究的东西一样真实，但它不是物质，并不位于时间和空间之中。然而它的存在和外部现实一样坚实可靠，数学家有时候会像人在外部现实里撞到一个实体一样撞到数学。"

公理是什么？定理是什么？

　　数学门外汉很容易混淆公理、引理和定理的概念。让我们花点时间梳理一下这些概念，相信很有必要。我正好借此机会探讨一下未来的数学领域：形式化证明，即如何让一艘太空飞船升空起飞，而不用担心轨道控制程序里存在错误。

　　数学理论基于两个基础。定义和公理，前者给出术语的意义，后者给出对象的必要性质，但这些性质无法证明。公理是数学家用来建造大厦的第一批砖头，就好像某种我们不得不承认的"原始"真理。原则上来说，任何一条公理都无法从其他公理中推得。

　　直到20世纪初，数学家都普遍赞同希尔伯特的观点：一种数学理论（算术、群论、几何等）的所有真理都能通过逻辑推理从其公理中得出。然而，正如我们在后面将要看到的，库尔特·哥德尔证明了事实并非如此。但此刻让我们暂且停留在希尔伯特的乐观情绪中。

令数学感兴趣的是那些其真理独立于情感、意识形态或审美选择的断言（或命题）。一个命题可以是错误的，比如2+2=5，或者是正确的，比如有且只有一条直线能穿过两个不同的点。而一条定理就是一个正确的命题，即使一般做法是将这个词留给那些带来重要影响的命题，比如毕达哥拉斯定理，而不是那些2+2=4之类的结果。

同样，引理是一条次等的定理，通常用作证明一条更重要的定理的中间步骤。推论是定理，是很容易从另一条定理得出的断言。在这里，我们谈论的定理仅仅指某个理论的正确断言。

▼ 证明的展开

数学家如何具体着手去证明一个结果？他从某些真命题（首先是公理）出发，遵从数学逻辑法则制造出其他断言。最早的逻辑规则相当于逻辑运算符，可以从三个基本运算符出发来定义：非、与、或。在第一种情况（非）里，如果旧断言是错误的，那么新断言就是正确的；在第二种情况（与）里，如果所有断言都是正确的，那么新断言就是正确的。换句话说，如果有一条是错误的，那么新断言就是错误的。错误压倒一切。在最后一种情况（或）里，如果至少有一个断言是正确的，那么新断言就是正确的。正确压倒一切。

▼ 三大逻辑规则

逻辑包含规则在推理中非常有用，它从三个运算符中推得。逻辑包含"如果 A，就 B"表示"（非 A）或 B"。我承认这听上去很惊人，与我们日常思考的方式不相符。如果你面对一支军队，对方首领喊道："如果你再向前一步，我们就开枪了！"你会理解为："别往前走了，否则我们就开枪！"但是在数学上，在 A 和 B 之间不存在任何时间性。"A 包含 B"并不表示"A 是真的，所以 B 将会发生"。

另一个逻辑规则是演绎。这是推理过程中最简单的方法。它来自"包含"运算符最严格的意义。它与三段论相符：如果 A 为真，且 A 包含 B，则 B 为真。

最后一个证明的基本方法是归纳。对亚里士多德以来的大部分哲学家来说，归纳就是从某些特殊例子的研究过渡到普遍情况。如此使用这种方法是建立在日常生活的基础上，而非数学之上，它只允许提出猜想。实际上，自从帕斯卡发明它以来，数学家就将归纳局限在递推法（我们看到，佩亚诺将递推法变作一条公理）允许证明其真实性的情况。

▼ 递推法

我们往往感觉，归纳就是让天马行空的想象力掌握了主动权。相反，递推法则被认为是一种推理形式，而想象力在里面没有立足之地。用这种方法可以"不动脑子地"验证一个结果，而无需理解其意义，特别是不需要运用想象力。下文我们会解释为什么这个想法是没有根据的，现在让我们暂且先回忆一下所有中学生都熟记于心的推理基础——递推法。

假设一个性质 $P(n)$ 取决于一个整数 n [比如："整数 0 到 n 之和等于 $n(n+1)/2$"]。递推法指出，如果 $P(0)$ 为真，且对任意 n，"真 $P(n)$ 包含真 $P(n+1)$"，则 $P(n)$ 对任意 n 为真。这一断言从何而来？它来自佩亚诺公理（参见第 10 章《零：一个用来表示无的词》）。

但我们也能用另一条原则来证明。假设该结果是错误的，且 k 是最小的整数，使得 $P(k)$ 是错误的。这就尤其表示 $P(k-1)$ 为真（否则 k 就不是最小的）。"$P(n)$ 包含真 $P(n+1)$"应用于 $n=k-1$，得出 $P(k)$ 为真，两者矛盾。所以，性质 $P(n)$ 对任意 n 为真，这又证明了递推法是正确的……

递推法不仅仅是一个证明工具，也是一个丰富多产的普遍原则。比如说，它能让我们想出解法。举个例子，让我们回到先前的整理扑克牌的问题，问一个在理论上相当古怪的问题：如果我们知道如何整理 n 张扑克牌，那么如何整理 $n+1$ 张扑克牌呢？一个简单的思路是先整理前 n 张扑克牌，然后将最后一张放进去，相当于将它与每张已经排好序的扑克牌依次比较。从单单一张牌开始，这个推理方法让我们整理好了整副牌。

▼ 形式化证明

多亏了递推法，我们也能想象新定理的产生。该过程分为三步。第一步，我们把初始公理的集合列入第 1 排定理名单。第二步，通过基本逻辑手段从第 1 张名单里的定理得出的定理被补充进了这张名单。通过递推法，我们持续得到了所有能从理论证明的定理。虽然这个方法有点笨，但说到底又有什么要紧，只要能穷尽理论域就行。

由此得到的证明被称为形式化证明。为什么称之为"形式"？因为人类直觉没有参与其中，证明是自动得到的。从更大的范围来看，形式化证明无法由一个人或者一台计算机完成，因为它太复杂了（见引文《难以理解的形式化证明》）。然而，现今有不少电脑程序能助有志于此的数学家一臂之力。在法国最常用的是法国国家信息与自动化研究所（INRIA）研发的 Coq。这些辅助证明工具最了不起的成就无疑是证明了四色定理（参见第 296 页）。

将一个传统的证明转变为形式化证明，这种情况相当少见。这种方法尤其在信息学上大显身手，用于证明这些程序各司其职，在那些对安全性要求严苛的领域里至关重要，比如核能或航空航天工业（1996 年 6 月 4 日，阿丽亚娜 5 型运载火箭在发射后短短 37 秒内就因为导航软件出现错误而爆炸了）。在未来想必更是如此，由于持续不断的黑客攻击，信息系统的安全问题越来越突出。然而，在普通数学应用上，我们使用更简略的证明形式，因为使用逻辑规则很容易将它们分解为形式化证明。

难以理解的形式化证明

形式化证明进入了极其精微的细节世界，极尽抽象之能事，最终失去了所有意义，至少对我们这些可怜的人类来说是如此。举个例子吧：偶数与奇数之和是一个奇数。一个综合证明简直易如反掌：一个偶数可以写成 $2n$，一个奇数可以写成 $2m+1$，它

们的和写作 $2n+2m+1=2(n+m)+1$，所以是一个奇数。然而我们发现，这里找不到任何一块可以用来构建形式化证明的逻辑砖块。比如说没有用到任何一条公理。

要是让公理掺和进来，那可就麻烦了，证明过程会变得困难重重：假设 N 是一个偶数，M 是一个奇数。从偶数的定义出发，存在一个整数 n，使得 $N=2n$。同理，从奇数的定义出发，存在一个整数 m，使得 $M=2m+1$。它们的和写作 $N+M=2n+(2m+1)$。根据加法的结合律（这是一条公理）：$N+M=(2n+2m)+1$。根据加法的分配律（这是另一条公理），$2n+2m=2(n+m)$，可以推得 $N+M=2(n+m)+1$。所以，$N+M$ 的和是一个奇数。

证明过程已经长了许多，虽然还没有完全形式化。更糟的是，主导思路现在被淹没在了细节中！一个完整形式化的证明过程写起来更糟糕。符号 $\exists$ 表示"存在"，$/$ 表示"使得"，$\forall$ 表示"任意的"：

① 偶数 N：$\exists\, n/N=2n$

② 奇数 M：$\exists\, m/M=2m+1$

③ a 和 b：$N+M=2n+(2m+1)$

④ 结合律：$\forall\, x\, \forall\, y\, \forall\, z/(x+y)+z=x+(y+z)$

⑤ c 和 d：$N+M=(2n+2m)+1$

⑥ 分配律：$\forall\, x\, \forall\, y\, \forall\, z/x(y+z)=xy+xz$

⑦ e 和 f: $N+M=2(n+m)+1$

⑧ g: $N+M$ 是奇数

在实际中，没有人会这样细致地写出证明过程，因为它很快就让人摸不着头脑，甚至无法理解了。我们只能保证，如果有人要求的话，我们能够做到。辅助证明程序就被用于处理形式化的步骤。

康托尔的天堂和
直觉主义派的地狱

在 20 世纪初，数学家度过了一段混乱的时期。数学家提前经历了他们的"五月风暴"[1]，当然没有发生任何暴力冲突，但他们同样对既定秩序提出了质疑，两个阵营之间也同样势同水火。这个严重的危机影响到了数学的根基，它的领头人正是格奥尔格·康托尔（Georg Cantor，1845—1918）。

19 世纪末，康托尔创立了集合论，目的是解决一个非常实际的问题（后文我们会详细介绍），在此过程中，一些富有启发又令人发窘的推理变得可能。康托尔想到一个尤其颠覆

「1」1968 年 5 月到 6 月在法国爆发的一场学生罢课、工人罢工的群众运动。

性的念头：并不只存在一个无限，而是好几个无限，无限像俄罗斯套娃一样层层叠叠！

一千多年前，阿拉伯数学家和哲学家金迪就预感到了这一点，他针对宇宙的有限性发出疑问：

"世界是有限的，因为如果我们假设世界是无限的，拿走其中有限的一部分，那么剩下的要么是有限的，要么是无限的。在前一种情况下，如果我们把拿走的那部分归还给它，那它仍然是有限的，但是它变得和一开始一样，所以有限就等于无限。在后一种情况下，剩下的是无限的，如果我们把拿走的那部分还回去会发生什么呢？它不可能变得比一开始更大，那样的话我们就会有一个比无限更大的无限；它也不可能保持不变，因为我们让它增加了一部分。假设世界是无限的，就会带来许多自相矛盾，所以这是不可能的。"

▼ 在无限中建立秩序

无限比有限更大？这个想法挺古怪的。哪怕对金迪来说也是如此，虽然他利用这个论点出其不意地证明了宇宙是有限的。然而，康托尔挺身而出，为它平反，比方说他证明了，实数的无限集合包括像整数集合那样的其他无限集合。为了不被所有这些无限弄得晕头转向，康托尔概括了基数的概念。

一个有限集合的基数就是它包含的元素的数目。

对无限集合来说，基数的概念会得出惊人的结果。比如说，偶数集合里的基数与所有整数集合里的基数一样（然而前者包含在后者里面），因为我们能够把每个数及其倍数配对，从而将两者一一对应起来，即 $1 \rightarrow 2$，$2 \rightarrow 4$，$3 \rightarrow 6$ 等等。事实上，如果两个集合能相互建立一一对应的关系，那么它们的基数就是一样的。

康托尔还摆出了另一个让人目瞪口呆的事实：一个无限里总是包含着另一个无限。如果一个集合是无限的，我们总是能给它的一部分元素编号。这样一来，它就包含了一个可数的集合（一个我们能为其中所有元素编号的集合）。所以，最小的无限基数就是可数集合的基数。康托尔称这个基数为 $\aleph_0$（"阿莱夫零"），源自希伯来文的第一个字母。0 这一下标在这里是为了提醒我们 $\aleph_0$ 是最小的无限基数。

▼ 欧几里得被驳倒

康托尔再一次与直觉对着干，证明了有理数集合的基数是 $\aleph_0$，换句话说它和整数集合的"大小"是一样的。这个结论似乎与欧几里得第九公理——整体大于部分——直接开战了。

为了证明它，康托尔首先为一对整数（p，q）编了号，这相当于根据一条路径为它们排序，比如跟随我们在下图用箭头表示的对角线。自然整数对的集合 N^2 能被编号，这意味着它和 **N** 一样是可数的。正有理数集合被包含在 N^2 里，因为有理数 *p*/*q* 相当于 N^2 里的好几个元素，所以它也是可数的。

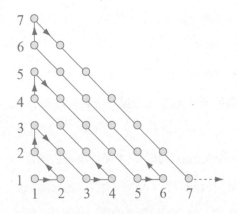

　　所以，有理数集合 **Q** 与整数集合一样是可数的。那么实数集合呢？这一次，康托尔证明其基数更大。为此，他假设其实数集合是可数的，并且用这个结论来为区间 [0，1] 里的数编号。随后他想象从第一个数开始按顺序书写，这就产生了所有数的名单，这一切都建立在我们刚才做出的实数集合都可数的假设上。数学家就是这么会假设不可能……从而证明这最终导向荒谬的结果，恰恰是为了证明是不可能的。这不是一个荒谬的推理，而是用荒谬来推理！

实数 1 : 0. 2 3 5 9 ……
实数 2 : 0. 3 5 9 8 ……
实数 3 : 0. 8 3 2 7 ……
……
新 : 0. 1 2 7 ……

康托尔保留了对角线，即 252……由此得到一连串数字，他加以变化，又得到了一个新数字，比如 0.127……因为这个数字在区间 [0，1] 里，所以它必须与单子里的某个号数相对应。这个数字不可能是 1 号数，因为它的小数点后第一位与 1 号数不同。它也不是 2 号数，因为它的小数点后第二位与 2 号数不同……以此类推。这就自相矛盾了，康托尔得出结论说，实数集合是不可数的。根据定义，他提出实数集合有连续统的势。更简单来讲，我们用可数和连续统来指 **Q** 和 **R** 的两个势。"连续统"这个词表示，我们能用连续的方式来描述实数集合，而对整数集合或有理数集合则无法这样做。

▼ 举座皆惊

这个过程令不少数学家大吃一惊，因为康托尔耍了一点花招。他将实数像上图那样排列，他依据的原则是我们能够照此为所有 [0，1] 里的数字编号。然而他的目的就是为了证明这根本不可能！但是真正在数学界一石激起千层浪的，是康托尔将推理过程一直延伸到了超越数。

正如我们在化圆为方和立方倍积等古老问题中看到的那样，实数可以分为两类：代数数，即系数为整数的方程的解，以及情况相反的超越数。康托尔证明，既然能为整数系数方程编号，那么就也能为代数数编号。代数数集合是可数的，根据逻辑推理，代数数集合无法与实数集合相提并论……这就表示超越数是存在的。康托尔就这样在没有列举出任何一个超越数（如 π 或 e）的情况下，证明了超越数的存在！从某种意义上说，康托尔通过证明某样东西不存在是不可能的，来证明它的确存在。在另一个领域里，这让人想起人与其他灵长类动物之间缺少了证据链，也令舆论哗然。不管怎么样，找到缺失的环节总是更令人满意！

▼ 疯子的故事

康托尔提出的集合论强劲丰富，充满了愿景。不幸的是，它很快就导向了各种悖论。比如，伯特兰·罗素（Bertrand Russell，1872—1970）证明，集合不可能包含所有集合，也就是说一个集合里的元素不可能是所有集合。事实上，让我们假设它存在。这个集合属于它自己。这个断言看上去很奇怪，但又有何不可呢？再假设集合只属于它们自己，然后是这些集合的集合。它在哪里？如果它属于自己，它就不属于自己，如果它不属于自己，它就属于自己。听上去像发疯了，是不是？

罗素发现的悖论让人想到理发师悖论："在一个村子里，有个理发师，他声称将为所有不给自己刮脸的人刮脸。那么谁来为理发师刮脸呢？"这个故事很荒诞，因为理发师会给自己刮脸，根据他自己的声明，他不给自己刮脸，那么如果他不给自己刮脸，他就该给自己刮脸。

▼ 数学危机

在康托尔理论里冒出来的悖论层出不穷。但是有些数学家从中瞥见过一个理想世界的踪影，不愿意说走就走。"康托尔为我们创造的天堂，没有人能把我们从里面赶走。"希尔伯特写道。集合论遇到的矛盾最终导向了我们今天所说的数学基础危机。数学家为了战胜它，主要采用了两种途径：形式主义和直觉主义。

希尔伯特本人就是形式主义的旗手。直觉主义最杰出的捍卫者是庞加莱，他认为康托尔的理念是"一种感染了数学的严重疾病"，以及鲁伊兹·布劳威尔（Luitzen Brouwer,

1881—1966）。直觉主义派也被称为构造主义派，因为以布劳威尔为首的这一派拒绝不带有构造（constructif）过程的存在证明。尤其是，他们拒绝接受康托尔给出的超越数的存在证明，因为该证明没有给出任何超越数来。

论战甚嚣尘上，危及了数学的根基。直觉主义派拒绝了超越数的证明过程，就不得不放弃排中律，可后者是亚里士多德哲学的支柱：一个思想要么为真，要么为假（正是这一原则让康托尔自由地把玩实数，为它们计数，即使目的是证明不可能）。

这种放弃引起了强烈异议。"剥夺数学家使用排中律的权利，就好像从天文学家手里夺走望远镜，从拳击手手里夺走拳头。"希尔伯特声称。庞加莱一向头脑清晰，他也不接受这种极端做法，因为这就相当于禁止用归谬法来论证。总之，如果必须用构造法来证明存在的话，那么构造法很快就与受虐无异。

▼ 集合论的现代公理系统

如果想要更进一步，就要来看看在此情境下应运而生的集合论常用公理系统。它的第一个版本要归功于恩斯特·策梅洛（Ernst Zermelo，1871—1953）。它包含六条公理：外延

公理、配对公理、联集公理、幂集公理、无穷公理和分类公
理。一般来说，研究数学用不到它们，所以我们在此不展开
介绍了。

这个公理系统随后由亚伯拉罕·弗伦克尔（Abraham
Fraenkel，1891—1965）提出的正规公理补充完整，正规公理
成功排除了罗素悖论（一个集合不可能属于它自己）。人们
常常还会加上选择公理，它能帮我们在集合里辨认出一个元
素来，换句话说就是选择了它。所以我们把它们称为 ZFC 公
理（Z 代表策梅洛，F 代表弗伦克尔，C 代表选择）。我们可
以深入研究数学，而不需要知道这些公理的细节（见下文引文
文字）。

奇怪的选择公理

让我们来仔细看看选择公理及其影响，也许这样我们就更
容易理解为什么构造主义派如此犹豫不决了。这条公理确认在
任何一个非空集合里都能够选取元素。事实上，这一选择是无
穷的，因为更确切点说，由于是任意一个集合 E，就是要确定一
个 E 的选择函数，即一个以 $P*(E)$ 为起始集合、E 的子集集
合没有空集、E 作为对应域的函数。

选择函数的特点是让 $P*(E)$ 的任何一个元素与其中一个
元素配对。举个例子，如果 $E=\{1, 2, 3, 4, 5\}$，我们定义一

个选择函数，将 E 的任何一个子集与其最小的元素配成对。如果我们将用一个能为所有元素编号的集合代替 E，即一个有限集合或可数集合，那么就可以扩展开来。

更广泛一点来看，这一推理证明，我们能创造一个良序集合的选择函数，也就是说在这些集合里，任何一个非空子集都承认一个更小的元素。顺序就被认定为"良好的"。然而良好的顺序在常见顺序里可相当罕见！抛开这一涉及良序集合的推理，我们看不到怎样才能确认任意集合的选择函数真实存在！于是在 1904 年，恩斯特·策梅洛在以策梅尔－弗伦克尔公理闻名的集合论公理之外引入了一个补充公理——选择公理："任何集合都承认一个选择函数。"选择函数带来了深远的影响，尤其能简化许多证明过程。

在 1924 年，两名波兰数学家斯特凡·巴拿赫（Stefan Banach，1892—1945）和阿尔弗雷德·塔斯基（Alfred Tarski，1901—1983）通过一个悖论揭示了选择公理带来的一个奇特后果：有可能将一只球切开，然后将这些部分重新组合，拼成两个与原来相同的球！

我们不展开介绍巴拿赫与塔斯基的推理过程，因为太专业了。我们在此仅仅注意到，如果该操作在物质上有可能实现，那么就发大财了：我们先有一个金球，就能制造出两个一模一样的球，不断重复，轻轻松松成为亿万富翁。只要稍有常识，就知道这在物质世界里是不可能的。 这一悖论揭示了选择公理的古怪之处……那为什么我们还要用它呢？就因为它在证明大量看似自然而然的结果时非常实用。 然而，我们仍然通过这个悖论理解了构造主义派的犹豫不决，即使大部分数学家宁肯要康托尔的天堂，也不愿意接受地狱般的世界。

无法证明，却板上钉钉

很明显，20世纪上半叶对数学家来说是一段艰难动荡的时期。就像中世纪对欧洲来说是一个暗黑的时期一样。数学刚刚从基础危机里艰难地爬起来，谁知库尔特·哥德尔在1931年投下一枚重磅炸弹：存在一些真定理，但是我们无法证明！

哥德尔的论断如同一场地震，一直波及普罗大众。哲学家挥舞着他的理论，匆匆断言自然世界与人类世界屈服于一些注定不为我们所了解的事实。直到如今，"哥德尔不完全性定理"仍然引人入胜，但又令人不安……

▼ 23 个问题之一

要想理解哥德尔的研究工作及其定理，就必须回溯到 1900 年在巴黎举办的国际数学家大会，来聊聊希尔伯特在会上陈述的 23 个问题之一。其中第二个问题是关于佩亚诺公理系统的无矛盾性（提醒一下：公理系统能创造出自然整数集合）。希尔伯特致力于证明，从算术公理和形式化演绎规则出发，我们能同时得到一个命题及其反命题，2+2 永远等于 4，而不可能等于 5。你或许会说，这不是常识吗？然而，从来没有人成功证明过。但是三十年后我们将会迎来意想不到的反冲。

哥德尔证明这种想当然是错误的！事实上，他不只证明了这点，他还证明：在任何一个包含佩亚诺公理系统的公理系统里，存在一些无法证明的真命题。其实，数学家还没有清晰意识到时就已经要应对一个这样的学科了：几何。有些真理似乎总是从他们手中溜走，就好像他们想用手抓空气一样。

数个世纪以来，数学家都试图从欧几里得提出的其他公理出发来证明著名的欧几里得公设（从一个给定点出发，有且仅有一条直线与给定直线平行），直到 19 世纪，大家才达成共识：这是不可能完成的任务。事实上，我们将以下三条公理作为补充公理创造出了三种几何：

欧几里得几何：从一个给定点出发，有且仅有一条线与给定直线平行。

黎曼几何：从一个给定点出发，没有任何一条直线与给定直线平行。

罗巴切夫斯基几何：从一个给定点出发，有无数条直线与给定直线平行。

哥德尔的贡献是什么呢？多亏了他的不完全性定理，他证明了在至少包含佩亚诺算术公理系统的所有公理系统理论里都是如此。具体来说，任何此类理论都包含无法证明的命题，但只要我们增加其他公理，它就是真命题。这个观点让我们想到，我们只是忘记了某些公理。事实上，哥德尔走得更远，因为他认为，即使在这种情况下，也还有不可证明的命题！

▼ 这一切背后的根本问题

这个惊人的结果不免引向了下面这个问题：一个没有被证明的猜想，比如哥德巴赫猜想或科拉茨猜想，是可以证明的吗？还是用给定的公理无法证明？我们需要把它列为新公理吗？虽然我们证明了哥德巴赫猜想（或科拉茨猜想）在佩亚诺公理系统里无法证明，但我们仍然很难赋予它公理的身份。与欧几里得公设相反，它就是不那么合乎情理。那么选择这类公理到底有什么意义呢？

隐藏在哥德尔不完全性定理背后的根本问题是自我指涉：一个形式系统无法自证其身。另外，哥德尔的证明过程算是对法国逻辑学家朱尔·理查德（Jules Richard，1862—1956）下述虚假推理的改良版本。

关于整数的命题能够按照词典学顺序来排序。让我们来想象一下，我们按该顺序来写下这些命题。假设 $A(n)$ 命题编号为 n。我们再把编号与其命题 $A(n)$ 不符的数 n 称为理查德数。这是有意义的，因为 $A(n)$ 是一个整数与之或相符或不符的命题（为什么不是 n 呢？）。成为理查德数本身也是一个命题。它也会有个编号，假设是 R。这个数是理查德数吗？如果 R 是理查德数，那么从定义上来讲，它不符合 $A(R)$，所以它就不是理查德数。如果 R 不是理查德数，那么它符合 $A(R)$，所以它就是理查德数。

我们遇到了与声称自己在说谎的骗子相同的悖论。如果他说了实话，他就真的在说谎；如果他说谎了，那么他就在说实话。理查德推理的阴险之处在于自我指涉。更确切点说，成为理查德数并非一个预期性质清单命题，因为它的定义决定了这张单子之前就构建好了。其本质与哥德尔相仿。哥德尔殚精竭虑，就是给出了一个严谨的证明，从而让希尔伯特从公理和逻辑出发证明一个理论的所有真结果的梦想毁于一旦。

▼ 对基数的思考

如同欧几里得无法证明，从一个点出发有且仅有一条直线与给定直线平行，康托尔也没能证明不存在这样一个无限集合，其基数被包括在可数与连续统之间。想想康托尔的问题吧！虽然他们相隔两千年，但他们的推理方法是一样的：他们都假设自己的结果为真。第一个结果以欧几里得公设这个名字闻名遐迩，第二个结果则以连续统假设之名纵横天下。欧几里得公设被证明是一个独立于其他公设的公设。连续统假设也是如此吗？它也是一个必须假定的公理吗？

答案来自两棒接力。首先，哥德尔证明，我们能将连续统假设加入 ZFC 公理系统，而不会自相矛盾（参见前一章）。保罗·寇恩（Paul Cohen，1934—2007）随后证明，如果我们将对连续统假设的否定也加入 ZFC 公理系统，也不会自相矛盾。从而得出结论，连续统假设独立于 ZFC 公理系统。我们也称之为不可判定，言下之意是在 ZFC 理论中。

从以上结论出发，要设想一个连续统假设为真的理论，只要把连续统假设作为公理加入其中就行了。这种方法非常不自然，因为与欧几里得公设不同，这样一个公理丝毫不自然，虽然从纯逻辑的角度来看能够认可它。一个柏拉图派数学家会拒绝接受。因为，对他而言，数学的理念世界确实存在，并且不依靠我们的幻想。公理必须是"合理的"，如果我们希望其结论是合理的。具体而言，就相当于将真理与效率相等同。这种将真理与用途相关联的观点引起反感，但是我们还能做得更好吗？

从这个意义上说，一条任意公理"连续统假设为真"或其反面公理"连续统假设为假"就会被拒绝。相反，增加一些更自然的公理（我们在此不展开介绍），比如美国逻辑学家休·伍丁（Hugh Woodin, 1955—　）提出的那些公理，让人想到连续统假设为"假"。

▼ 图灵机

在希尔伯特的机械论计划里，还留有一线希望：有一台机器——在此情况下是一台计算机——能证明一个理论里所有可以证明的命题。当然，我们知道一些自动证明机器似乎能覆盖某些特定领域，如二维基础几何，但无法创造一个放之四海而皆准的机器。1937 年，图灵发明了著名的图灵机，让希尔伯特的梦想破碎了。为了化繁为简，我们用信息学的语言，而非图灵的语言来解释。想象一个软件能从一个公理系统和演绎规则出发，依次产生所有可证明的命题。那么我们就能很容易改变它，一旦得到命题 A，就让它停止。这样一来，如果它停下，那么 A 就是可证明的。如果它不停下，A 就是不可证明的。我们可以认为问题解决了，可在现实中还要复杂得多。

我们不得不列出信息学软件停止的问题。更具体而言，我们针对的软件是要求用键盘输入文本，在屏幕上写一段文本，在某段时间后停止，或者无限重复。这是一种简化了的模型，但是非常普遍。软件是什么？事实上，软件是用某种编程语言写成的文本。在信息学术语里，我们称之为"代码"。代码的性质以及用何种信息学语言写成并不影响我们后面的实参。在同样的术语里，用键盘输入的文本被称为软件的实参。一旦明确，我们就会思考：是否存在软件 L，将输入软件 X 即其"代码"和实参 x，将如果 X 停止与否作为输入的实参 x？

如果不考虑时间的话，这个问题很好回答：只需要待在电脑前耐心等候就行了！难处在于可能会等上很长时间。如果软件明天才停止呢？所以时间是症结。我们希望软件能做到在有限且合理的时间里做出应答。

我们能证明这样的软件根本不存在，希尔伯特的证明机械化计划就此彻底泡汤。不可能自动地一一证明！幸好如此，否则数学的意义又在哪里呢？

数学家眼里的真善美与恶

  本章标题让人摸不着头脑：数学里的善与恶。数学这门学科难道不是应该讨论形式化和抽象的世界吗？从定义上讲数学难道不是一个不问世事、无视道德的智力活动吗？事实上并没有那么简单。别忘了原子弹的发明者正是20世纪最伟大的数学家之一约翰·冯·诺依曼。后来，原子弹之父中的另一位罗伯特·奥本海默表示懊悔，声称物理学家在第二次世界大战中"犯下罪行"。冯·诺依曼只回了一句："有时候人们忏悔罪行，只是为了自抬身价。"数学家也难逃良心的拷问。如果一个数学家躺在心理咨询师的长沙发上，他会说些什么呢？让我们来探问一下他们的心灵和伦理吧。

▼ 对真理的绝对追寻

在数学里，证明如何确立的原则排除了权威施加的影响。在这个领域里，有时候学生会比老师更有理，后者却无路可走。对证明的严苛要求无人可以例外，不需要法官出面来担保。所以，数学从本质上说就自带伦理。钻研数学让我们习惯于某种智识上的正直，这并不代表不会出现错误。相反，出错的单子长得看不到头……

举个例子，1879 年，阿尔弗雷德·肯普（Alfred Kempe，1849—1922）发表了四色定理证明：用四种颜色就能为一张地图涂色（具有共同边界的国家必须涂上不同的颜色）。十一年后，肯普的证明被驳倒，四色定理直到 1976 年才被证明。虽然如此，我们还是应该向肯普致敬，因为 1976 年证明所需要的所有论据都来自肯普的证明。还有个离我们更近点的例子，怀尔斯针对费马定理所作的第一个证明里有一个错误，其他数学家（其中包括理查德·泰勒）经过一年的研究和努力改正了它。这些历史上的失败者并没有改变这一本质：在数学里，当允许确立证明正确与否的规则被打破，那只是因为失误，而非因为弄虚作假。

▼ 精神分裂

然而，这条伦理规范只适用于数学本身。它并不能确保数学家对其同行也如此，更遑论全人类。当然，我们无法在数学上弄虚作假，我们必须找到正确的思路……但这仅仅局限在数学王国的高墙之内。举个例子，有些数学家，如奥斯瓦尔德·泰希米勒（Oswald Teichmüller，1913—1943），在数学上堪称典范，却是犯下累累罪行的纳粹分子，甚至不惜为纳粹的理念而战斗至死。

有些数学家没有一意孤行，走上绝路，但他们的所作所为仍然令人皱眉——有人将他人的理论和研究据为己有，还有数学家封杀同行的职业生涯。对此感兴趣的读者可以读读格罗滕迪克的回忆录《收获与播种》。

在军事应用方面，数学家所处的位置比化学家、物理学家或生物学家更敏感。数学家很少能决定自己的研究成果派什么用场，这些成果从实验室出来就脱离了他们的掌控。就好像圆锥曲线之父阿波罗尼乌斯怎么能想得到，他所研究的抛物线有一天被用于校准炮弹的弹道？面对这个难以预测的风险，亚历山大·格罗滕迪克采取了一种极端的姿态。为避免自己的成果被用于军事目的，他告别了数学研究。

戈弗雷·哈代（Godfrey Hardy，1877—1947）无疑是第

一个经历了恐怖的一战后明白无误地提出数学伦理问题的大数学家。像当时的许多知识分子一样，他认为科学和数学也要为悲剧负上一部分责任。这种质疑似乎直指应用学科，比如发明炸药的化学或后来发明核弹和氢弹的物理学。相较之下，数学显得温文尔雅、与人为善！但正是数学家制作出了在战场上校准炮弹发射的表格。

女性主义者和和平主义者让娜·亚历山大（Jeanne Alexandre）在1916年发表的一篇文章里写道："如今真正在战争里对战的敌人，其实是在书桌上埋头演算的数学教授，以及在实验室里辛勤工作的物理学家和化学家。"1917年兼任战争大臣的数学家保罗·潘勒卫（Paul Painleve）在胜利后的一次演讲里表示："最抽象或最精妙的数学解决了定位问题，制作了全新的发射表格，使炮兵部队的效率增加了25%。"

很难知道，一战里的士兵是否清楚那些白领刽子手所扮演的角色。也许最有文化的那些人已经心知肚明了。无论如何，在一个世纪的时间内，拿破仑将军的炮灰从某种意义上变成了数学家保罗·潘勒卫的方程下的冤魂。

▼ 该采取何种姿态？

在二战初期写的《数学家颂》里，哈代将数学分为两类。

第一类数学，他认为既无聊又琐碎，会导向一些或好或坏的应用。道德准则要求他尽量避免这类数学。在他看来，真正的数学家是不会危害人类的。他将纯数学与应用数学对立起来，言下之意是后者并不纯粹。在这本书里，我们还看到了一句话，在如今看来相当惊人："还没有人将数论或相对论运用到军事项目上，将来也未必有人会这么做。"

五年后在广岛爆炸的原子弹否定了哈代的其中一个预测，因为相对论正是核能利用的关键。而密码学的算术方法，比如我们下文会介绍的 RSA 方法，证明他关于数论的另一个预测也失误了。没有人可以控制自己的研究成果未来会派什么用场，不论是数学还是其他领域都是如此。换句话说，纯数学根本不存在！

哈代的学生艾伦·图灵在战前专攻数学基础，没有继承老师的衣钵，而是成了第二次世界大战中破译密码的关键人物……这些坐在书桌前的男人和女人所做的工作加速了纳粹的覆灭，就像德怀特·艾森豪威尔（Dwight Eisenhower）在提及图灵带领的对付德国海军的布莱切利园团队时说的："你们收集到的情报拯救了数千英国人和美国人的生命，你们为加速敌军溃败和投降做出了巨大贡献。"

图灵最出名的事迹是破译了德国密码机恩尼格玛的密电。但是这台密码机第一次被破译其实要追溯到 20 世纪 30 年代。

我们不知道的是，这一成功还有法国间谍活动的功劳，法国情报机构在 1931 年到 1938 年提供了关键译码表，这都多亏了三位波兰数学家的天才智慧，其中就有马里安·雷耶夫斯基（Marian Rejewski，1905—1980），他因此还发现了一条群论定理。

▼ 原子弹

二战后，像冯·诺依曼这样的数学家参与曼哈顿计划、制造出原子弹的事实，又引发了强烈争议。冯·诺依曼的名言："有时候人们忏悔一桩罪行，是为了自抬身价"说明他承担自己选择的后果，并且清楚数学在原子弹发明中的重要作用。与哈代相反，冯·诺依曼积极与军方合作，将博弈论确立为一门学科，构想出了冷战时期的恐怖平衡——"共同毁灭原则"（Mutually Assured Destruction，MAD），我们不知道首字母缩写是否出自他那非典型的幽默感（首字母缩写 mad 在英语里意为"疯狂的"）。

其他数学家，比如罗杰·戈德门特（Roger Godement，1921—2016）就不同意冯·诺依曼的看法，而与哈代站在一条战线上，但同时也指出哈代提出的纯数学与应用数学的区分根本不切实际。格罗滕迪克则走得更远，他在 1970 年从法国高等科学研究所辞职，因为他的部分研究工作收到了国防部的资助。他被聘为法兰西公学院的教授后，做出了一个自杀式的选择——开设一门课程专门探讨："应该继续科学研究吗？"次年就被解聘。在他看来，科学整个都变得不纯粹了。

▼ 数学之美

"仿生人会梦见电子羊吗？"科幻小说家菲利普·K.迪克在同名小说中问道，后来小说被改编成了电影《银翼杀手》。精神分析学家也可以向数学家提出同样的问题："你会梦到十维的羊吗？"数学家的想象，以及延伸出去的他们的审美观，都非常独特。哈代也持这种看法，他在《数学家颂》里写道："数学家和画家或诗人一样，都是形象的创造者。数学家创造的形象，和画家或诗人创造的一样，都应该是美的。理念，与色彩或词语一样，应该和谐地组合在一起。美是第一个测试：这世界上没有丑陋数学的存身之地。"

当然，一个证明的首要品质是正确。然而，很少数学家会止步于此。古典的、浪漫派的或巴洛克的美学标准影响着数学家。所以，他们中的许多人都痴迷于一个公式的简洁优雅，或者相反，折服于其出其不意和神秘莫测，又或者为了一个证明的清晰明了和一个理论的深刻洞见所倾倒。

但数学的根本之美在别处。证明数学假设的需求为这一学科注入了一种美学的维度，因为这种需求迫使我们弄明白究竟为什么一个结果是正确的，督促我们找到背后隐藏的和谐。为清楚起见，让我们举个简单的例子：在一个等边三角形里，一个点到三条边的距离之和等于三角形的高。

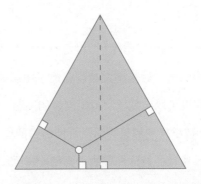

　　如果你画得足够好，并且使用一把刻度尺，就会相信一个点到等边三角形三条边的距离之和并不取决于选择哪个点，所以等于三角形的高……当该点为其中一个顶点时也成立，所以有两段距离为零。但是相信并不是理解……

　　相反，在该图形上做出三个灰色三角形来（见下页图），你就会发现这道题目的神奇之处了。等边三角形的面积等于 $H \times L/2$，是三个三角形的面积之和，等于 $L/2$ 再分别乘以 h、k 和 l。简化以后我们得到了结果。数学之美往往来自我们明白了问题缘由或结构的那一下"咔嗒"之声。

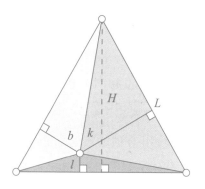

作为本章的结尾，我们来说说印度数学天才斯里尼瓦瑟·拉马努金，他留下的公式虽然离古典标准相差甚远，却在数学家里引起追捧，哈代就注意到了他的才华。他从不证明，只是直接给出公式，但它们几乎都是正确的，只有极少的例外。这些公式有的很简单，比如以下这个 π 的近似数，拉马努金是第一个想到的：

$$\frac{9}{5}+\sqrt{\frac{9}{5}} \approx \pi + 0.00005$$

更惊人的是，他注意到 $e \pi \sqrt{163}$ 差不多是一个整数。确切来说，它等于 262537412640768744，误差仅 10^{-12}。

这个等式不太可能出自数字计算，特别是受到当时的条件所限。事实上，它来自一连串过于复杂的展开过程，我们在此不做详述。我们仅列出在拉马努金的笔记本上找到的其中一个此类展开式（直到 1985 年才被证明）聊以说明：

$$\pi = \dfrac{9801}{2\sqrt{2}\displaystyle\sum_{n=0}^{+\infty}\dfrac{(4n)!}{(n!)^4}\dfrac{1103+26390n}{396^{4n}}}$$

是不是非常震撼？在他的笔记本里这样的公式数以千计！它们的美因其出乎意料而动人，需要一定的数学修养才能领会。如果一定要做类比的话，或许可以将它与当代艺术相提并论。拉马努金——将方程式变成艺术的数学家。

错误：愚蠢抑或
进步的阶梯？

如果一个数学家对你说："我这辈子从没犯过错"，那么你可以肯定他是在说谎。在他的职业生涯中，他势必在几分钟、几小时或几天的时间里以为自己找到了解答某个问题的绝妙答案，随后却发现推理过程有缺陷。没有一个数学家能逃过这种空欢喜，虽然很少有人会愿意承认，因为没有什么比在数学上犯错误更令人羞愧难当的了。

哪怕最优秀的数学家也会失误。"数学里怎么可能有错误呢？一个人只要智力健全，就不应该犯下逻辑错误，可有些非常聪明的人……却无法理解或重复数学证明而不犯错误……有必要补充说，数学家也会犯错误吗？"庞加莱在《数学的发明》里写道。

数学家生活在害怕犯错的持续恐惧之中。这种恐惧让我们在发表前反复验算，不管所写的是研究论文还是科普文章。我们犯下的大多数错误只是一些由疏忽造成的小差错。一旦改正，就不会引起什么后果。但还有些更严重的错误，会让整个证明都站不住脚。我们只好安慰自己，从恶树上也能结出善果。数学历史上充满了从错误走向进步的例子！

▼ 证明和……太阳系里的混沌

在这些结出善果的错误中最有名的就是费马在丢番图作品的页边写下的证明。他要证明任何一个乘方都不可能分解成两个与它同次的乘方。费马在书的空白处草草写下几笔，大意是他已想到一个绝妙的证明，但是受页面所限无法记录下来。有 99.999% 的可能是费马搞错了。如今我们的确证明出来了，但是其复杂程度让我们相信，他十有八九把话说早了。然而，这短短几行字推动了数学在长达三个世纪里的不断进步。

说到大数学家犯下的最糟糕的错误，也许还要数庞加莱。我们前面已经提到了他在太阳系混沌问题上的发现，但是没有展开介绍该研究的缘起。事实上，他当时是为了回应瑞典国王奥斯卡二世发起的挑战，奥斯卡二世睿智慷慨，悬赏重金，出的题目是证明太阳系的稳定性。这项挑战是在当时的瑞典大数学家哥斯塔·米塔–列夫勒的怂恿下发起的。庞加莱从最简单的情况入手：假设太阳系里只有两个行星，一个大行星，一个小行星；他还发明了新方法，然后以匿名形式提交了结果。评委们大为惊艳，认出了庞加莱的手笔，他最终获得了奖赏。他的论文在米塔–列夫勒创办的《数学学报》(*Acta Mathematica*) 上发表，米塔–列夫勒的一名助手在论文开头发现了一个明显的错误，要求庞加莱修改。

庞加莱马上就明白这个错误无法补救，它导致整个证明的分崩离析。倒霉的是，《数学学报》已经分送到了世界各地。米塔–列夫勒找了一个借口，召回了所有刊物，全部销毁。这起事件让庞加莱损失惨重。他修改了论文，得出结论：太阳系从长远来说是不可预测的，与他一开始的结论截然相反。这篇论文成为当代研究领域——混沌与湍流——的先驱（见下文引文文字）。

混沌理论：从庞加莱的错误到天气预报

庞加莱修改过的这篇关于行星和天体运行的论文开启了一个生气勃勃的研究领域：混沌理论。每个行星及其卫星、小行星、彗星的运动随着其他天体的位置而变化。遗憾的是，我们没法掌握所有信息，而且这一认识也只是大概的，尤其是涉及小行星。所以，我们的预测也不够确切，随着时间的推移，错误会逐渐累积。

自从高性能计算机发明以来，天文学家就系统研究了未来几百万年里行星的运行轨迹。那些对巨行星（木星、土星、天王星和海王星）的预测结果让人想到一个大钟表匠，从远古就决定好了一切。它们的轨迹相对比较稳定。相反，小一些的行星（水星、金星、地球和火星）的运行轨道就混乱得多……甚至有相撞的可能！

具体而言，如果我们预测一个像地球那样的行星的位置，已知误差为 150 米，那么对 1000 万年后的预测结果误差只有 150 米；在 1 亿年后，误差可达 1.5 亿千米。时间比例非常可观，但是我们也注意到，初始条件里的小小误差（15 米）会导致最终结果失之千里。

庞加莱着重强调了这一现象，后来却被人们逐渐淡忘，直到美国麻省理工学院的气象学家爱德华·洛伦茨（Edward Lorenz, 1917—2008）重新发现了它。1963 年，他借助计算机进行了大量计算后发现，我们所了解的大气现象所遵从的物理法则无法让我们预测中期的天气情况。他在 1972 年的一次气象学会议上陈述了自己的发现，标题令人印象深刻："巴西的蝴蝶挥舞一下翅膀，得克萨斯州会不会刮起龙卷风？"这个充满诗意的隐喻并非出自洛伦茨之手，而要归功于会议的组织者之一菲利普·梅里利斯（Philip Merilees）。

为了解释清楚问题所在，洛伦茨使用了一个非常简化的地球大气模型，只保留了三个能用空间中的某个点代表的未知数。每个初始条件会得出一个与蝴蝶双翼粗似的轨道。另外，所有轨道都黏合在同一个神似蝴蝶的物体上：洛伦茨吸引子。这个图形也许能解释为什么选择蝴蝶打比方。

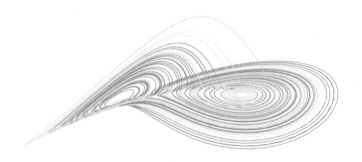

蝴蝶的比喻影响甚广，远远超出了科学圈，但是洛伦茨的思想并没有被完全理解，因为他还补充说："我提出以下想法：小规模的干扰在经年累月之后不会影响龙卷风之类的事件的出现频率，而是会改变这些事件发生的顺序。"所以那个"小事件造成大后果"的普及版本简直可以用离题万里来形容。在洛伦茨心中，洛伦茨吸引子可以用来预测……但不是中期，而是长期或短期的发展。这样我们就能预测长期的趋势，但是无法预测 15 天后的天气！从天气预报到飞机尾翼处形成的湍流，更不用说等离子体的无序运动，以及研究日冕的物理学，混沌理论的现代应用层出不穷。

▼ 旋转的针

挂谷宗一（Soichi Kakeya，1886—1947）也在数学错误史上留下了自己的名字。他思考的是一个很简单的问题："在平面上是否有一个面积最小的区域，在其中长度为 L 的针可以旋转 360 度？求这个最小面积。"

要想解答这个问题，最简单的办法就是让针围绕自己的中心转动；所需面积就是直径为 L 的圆的面积，即 $\pi L^2/4$。挂谷宗一认为面积最小的平面是一条有三个点的曲线，能够让针逐渐从一个位置滑动到另一个位置。

这条曲线被称为三尖瓣线，其面积只有上述面积的一半。它是由一个向内沿着另一条三重半径滚动的圈画出的。这条曲线也叫作三尖内摆线，但它叫什么名字无关紧要……因为挂谷宗一弄错了。

这个问题在 1928 年被阿布拉姆·贝西科维奇（Abram Besicovitch，1891—1970）解答出来，他确认不存在最小面积。换句话说，我们可以找到一些平面，其面积任意小，在其中旋转针都是可能的。正如我们所料，这些平面并不常见。

它导向了分形的概念。又一次，错误结出了丰硕成果！

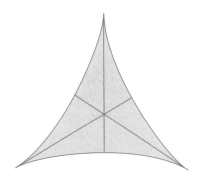

第四部分

数学无处不在？

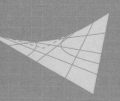

我们可以在各处发现数学的踪迹：向日葵花朵、蜘蛛网、蜜蜂蜂房、鹦鹉螺的螺旋外壳、球形的金龟子、椋鸟的飞翔等等。从这个思路出发，我可以谈谈数学的应用，聊聊数学如何照亮大自然，讲讲贝壳表面或人体比例的黄金分割（1.618）是怎么回事。

但这些问题只能带来智性上的满足，而无法对社会产生实际的用处。比起帮助我们理解世界的数学，我更想谈谈那些帮助我们更好地做出行动的数学。所以本书的第四部分将介绍物理里的数学、信号的处理、脚踏实地的数学家、数学与艺术之间意想不到的密切关系、生态学里的数学、新生儿预期寿命的评估、媒体的数据、数学与公民身份之间的关系、被有些人视作罪犯的金融数学家、数字技术隐藏的危险和机遇，以及即将来临的智能机器时代。

当物理学变成了数学

现代物理学与数学无法分离。不仅因为数学是物理学家的日常工具，还因为有些物理学领域，如广义相对论或弦理论，需要尖端数学领域里的扎实知识。要想投身于物理学研究，就必须至少先学上三年高等数学。

数学在现代物理学里的强烈存在感，也不应该被理解为是一个新近才在科学史上出现的现象。很久以来，工程学就从属于纯经验主义。物理学也是逐渐变得"数学化"的，这都要归功于天文学。

▼ 亚里士多德与地心说

在古代，一切都很简单，物理学领域里丝毫没有数学的影踪。那时的人单单根据常识来推理！物理学家仅凭直觉探寻现象背后的原因，甚至还以为自己真的找到了！比如，对亚里士多德来说，重力就是重物体重回其自然居所即世界中心的趋势！有点像马驹回到马厩！他从而得出结论：地球是圆的，位于宇宙的中心，因为实验证明一块石头会垂直掉向地面。

这一切在文艺复兴时期发生了变化，人们不再探究现象背后的原因，而是更愿意描述这些现象，以便做出预测。但这种进步十分缓慢，因为断言地球并非宇宙的中心会把你送上火刑柱，1600 年布鲁诺就这样为真理而献出了生命。

这些异教徒犯了什么罪？他们所言与《圣经》里的一小段文字背道而驰：摩西的接班人约书亚在带领希伯来人前往应许之地时，祈求上帝让太阳停留，不急急落下，好让他们结束与亚摩利人的战役。上帝满足了他的要求，于是日头停留。太阳"运行"被神学家解读为太阳围绕地球运行，而非地球围绕太阳运行。我们很难相信，在仅仅四百年之前，这个章节被视作地心说的铁证！它唯一的目的就是表示"上帝与我们同在"。历史告诉了我们，文艺复兴时期的科学家需要怎样的勇气才能在天文学领域披荆斩棘，接近真理。

▼ 数学方法的萌芽

我们在前文介绍概率和旋轮线时提及的伽利略，就曾经在其论著《试金者》里写到物理学数学化这一初生的意义："哲学写在这部浩瀚巨著里，它时时刻刻打开在我们眼前，我说的正是宇宙。但如果我们不理解其语言，如果我们不明白它书写的文字，我们就无法理解它。这种哲学是以数学语言写下的。"在《关于力学和位置运动两门新科学的对话和数学证明》中，他更具体地陈述了他的方法："测量一切能被测量的，让不能被测量的变得可以测量。"他就是这样利用一个斜面研究物体掉落，掉落的速度变慢，可以量化。于是他在被测量物之间建立联系，归纳出法则。

第谷·布拉赫（Tycho Brahé，1546—1601）的天文测量也秉承这一精神，在当时已经做到了极其精确，约翰内斯·开普勒（Johannes Kepler，1571—1630）随后进行阐释，归纳出著名的行星运动定律。为此，他动用了自古以来就为我们所熟知的曲线——椭圆，前文中我们也见到过它以圆锥与平面相切的形式出现。这些定律在科学史上具有举足轻重的地位，值得我们多费一点笔墨。

▼ 开普勒定律

开普勒第一定律是这样表述的："每一个行星都沿各自的椭圆轨道环绕太阳运行，而太阳则处在椭圆的一个焦点上。"（参见下图说明里对椭圆的定义。）其他两条定律分别针对行星的速度及周期。所以，开普勒对行星运动做出了相当清晰的描述。因为不了解重力的性质，所以这仍然只是一种纯粹描述轨道的方法。对这些轨迹真正性质的解释来自艾萨克·牛顿（Isaac Newton，1643—1727）。他发现了重力后，运用他在《流数法与无穷级数》里谈及的技术。下面我们来简要介绍一下。

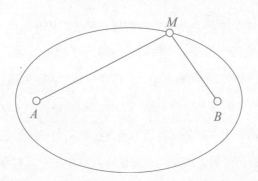

以A和B为焦点的椭圆是点M的集合，其中$AM+MB$为常数。椭圆是构成花坛的理想曲线：既美观又容易铺设！为此我们需要三根木桩和一条绳子。先将两根木桩插到地上，然后系上绳子，绳子必须系得松松的。接下来再将第三根木桩拿在手里，拉直绳子。这根活动木桩围绕两根固定木桩画出的曲线就是椭圆，其焦点为两根木桩所在的位置一开始，牛顿将随时间而变化的自变量称为流，自变量 x 的流数就是其速度。用现代术语来说，就是时间 t 的导数。牛顿的 x 流数的记法，是在 x 上加一个点，一直被物理学家使用至今。牛顿给出了我们所知的关于和与乘积的流数的基本规则。流数 x 与莱布尼茨的微分的关系很简单，因为 $dx = x\, dt$。

牛顿与莱布尼茨的方法不分伯仲，发明微分计算的第一人是谁？这场论战持续了很多年。如果我们相信牛顿所言，他的发现时间比较早。然而，因为莱布尼茨比他早一步公布了该方法，所以桂冠往往归于莱布尼茨。牛顿给出的解释是，他不想发表流数的定义，因为不够严谨。他如此写道："消失量的最终比严格地说并不是最终量的比，而是这些量无限减小时它们之比所趋近的极限，虽然它们比任何给定的差值都接近它，但在这些量无限减小之前，既不能超过也不能达到它。"立此为证！

要想理解难点在何处，就要先了解极限的概念是牛顿死后一百年才由柯西理清楚的。事实上，莱布尼茨和牛顿都为微积分大厦打下了基础。牛顿以其流数的概念发明了导数的概念，而莱布尼茨则是微分的发明者。这两种方法互相补充，虽然微分的标记法更方便一点。

▼ 宇宙里的重力

牛顿运用流数法，从力学基本定律出发（尤其是将作用于一个物体上的力及其加速度相关联的定律，以及他在《自然哲学的数学原理》里阐述的万有引力定律），找到了行星的椭圆轨道。透过这些定律，如果仅有两个物体（太阳和唯一一颗行星），该问题就可归结为一个牛顿能够解开的二阶微分方程。这样，他从万有引力定律出发，与开普勒的结论不谋而合……并且发现了其他答案：有些天体的运行轨道是双曲线或抛物线，但一定都是圆锥曲线。

多亏了牛顿的理论，科学家首次对物体的运动做出了可靠的预测。然而，吸引力的性质神秘莫测，谜团重重，让人想起亚里士多德。这种吸引在远距离是如何作用的？1916年，爱因斯坦预言引力波的存在，并且以光速传播。人们苦苦搜寻了许久，最终于2016年在两个黑洞并合事件中探测到了它，此时离牛顿的时代已经相隔三百多年了……然而这个问题还留有争议。自从牛顿成功之后，科学家发现大部分物理现象都受微分方程支配。在力学上，牛顿定律给出形如 $\ddot{x} = f(x, x, t)$ 的方程，表示加速度是位移、速度与时间的函数，与位移 x 与初始时刻的速度相关。有了这些定律，数学大摇大摆地进入了物理学的世界，并且再也没有离开过。

如今，数学令物理学取得了长足的进步，一个天真的问题却一直悬而未决：为什么数学能够描述自然？吉勒·夏特莱（Gilles Châtelet，1944—1999）曾经不无幽默地问道："数学在科学大家庭里既是什么都干的女仆，又是众学科之王，为什么它能在物理学这个肮脏的厨房里大显身手呢？"

物理学家尤金·维格纳也提出相似的疑问。1960 年，这名大物理学家写下了一篇令人难忘的论文《数学在自然科学中不合理的有效性》。维格纳在文章中将数学的成功归为"奇迹"或者"我们既弄不懂又配不上的神奇礼物"，就仿佛数学背后深刻的原因超越了我们理解世界的极限。也许这一成功背后的原因不应该算到奇迹的头上，而是应该考虑到数学公理贴近现实，就如同我们前文强调的那样。另外，数学生来就是要找出理论里隐藏的常量、群或结构。说到底，这与物理学家遵循的方法没什么两样。

信号处理

让我们留在物理学的王国里，将目光转向所有物理学家都烂熟于心的一个明星方法。火星探测器传送图像，管理指纹或基因标定的文件，复原 19 世纪的录音，分析股市波动，压缩声音或图像，这几件事之间有什么关系？上述所有都涉及同一个应用数学领域：信号处理。这项技术到底是什么？为什么它的应用范围如此广泛？

用模拟或数字的方法处理一段波或一个文件，提升、减少或增加某些成分，就是这一统领整个物理学，甚至所有科学的学科的要义所在。它无所不在，所以理科学生要花费好几个月研究其奥秘。它的发明者是约瑟夫·傅里叶（Joseph

Fourier, 1768—1830），他博学多才，要不是法国大革命在他发愿前几天取缔了宗教团体，他差点就要献身宗教了……

▼ 改变一切的金属棒

1807 年，傅里叶开始研究热量在物质里的传播，为信号处理打下了基础。他尤其关注已知在初始时刻 $t=0$ 时温度的分布，并且两端维持在 0℃的情况下，如何计算金属棒内的热量变化。与前文所述的牛顿力学问题一样，该问题也归结为解一个微分方程，即热方程。

如果我们用横坐标 x 来标记金属棒上的点，金属棒长 L，x 的范围在 0 到 L 之间，初始时刻的温度为 x 的函数，即 $f(x)$。总体而言，金属棒里的温度 u 取决于两个参数：x 和 t，所以我们能写作 $u=u(x, t)$。物理法则显示，u 由一个形如 $\dfrac{\partial u}{\partial t}=c\dfrac{\partial^2 u}{\partial x^2}$（$c$ 大于 0）的偏微分方程决定。我们采用了勒让德模仿莱布尼茨对常微分方程的标记法而创的对偏微分的标记法。所以，$\partial u/\partial t$ 是 u 相对于 t 的导数（如果 u 只取决于 t，我们就记作 du/dt；标记法能够凸显出区别，清楚指明这是一个偏微分）。这个微分方程有一个初始条件，对任意 x 来说，$u(x, 0)=f(x)$，还有范围条件：对任意 t 来说，$u(0, t)=u(L, t)=0$，这就意味着 $f(0)=f(L)=0$。

▼ 一个天才的主意

这个问题理论上是无解的。为了化繁为简，傅里叶首先寻找形式为 t 函数与 x 函数的乘积的解，在充分考虑了极限条件并进行计算后，得出取决于整数 n 的函数 $u_n(x, t)$，这个表达式很复杂，因为它是 $t^{-c(n\pi/L)^2}$ 的函数与 $\sin\left(\dfrac{n\pi}{L}x\right)$ 的乘积。

傅里叶想出了一个天才的主意：寻找一个形式为函数的无穷和的普遍解：$u=A_1u_1+A_2u_2+\cdots$，初始条件可以写成正弦级数 $f(x)=A_1\sin[(\pi/L)x]+A_2\sin[2(\pi/L)x]+\cdots\cdots$ 假设计算正常进行，就如同项的数量有限一样，这个等式能给出系数 A_n 的值。计算涉及积分学，有赖于三角函数的性质大大简化了。以下为结果：

$$A_n=(2/L)\int_0^L f(x)\sin[n(\pi/L)x]\,\mathrm{d}x$$

傅里叶将一个复杂的问题简化为对正弦之和的研究。正弦是波最基本的形式，也就是说变化比较规律的函数。换句话说，他将一个函数转化为一系列波。如今，这种简化方法被称为傅里叶分析。

▼ 激烈的反对

傅里叶可能想不到，他的理论有一天变成了某些实验室里使用最频繁的数学工具。但在当时，并不全是赞许之声。傅里叶遭到猛烈抨击，罪名是他捣鼓应用数学，脏了自己的手。"傅里叶笃信，数学的根本目的是为公众服务，解释自然现象；但是一个像他那样的哲学家应该明白，科学的唯一目的就是彰显人类思维的荣耀，以此为名，关于数的问题与关于世界系统的问题同样重要。"伟大的德国数学家查理·雅各比（Charles Jacobi，1804—1851）写道。

应用数学与纯数学的区分一直延续到我们的时代，在当时更是让数学界人士分裂成两个阵营。雅各比与其他一些人捍卫某种贵族化的数学观点。傅里叶则与他们截然相反。他绝不是待在象牙塔里不问世事的学者，1802 到 1815 年间担任伊泽尔省省长时（如果有人碰巧知道的话，将格勒诺布尔与布里昂松通过洛塔雷山口连接起来的公路就是出自他任上……），他关注热传导的初衷，也是为了改善民居的供暖设施，开发太阳能和地热（多么超越时代！）。对这些三角函数系列的研究证明了，数学的应用方面和纯理论方面是紧密联系在一起的。这个区分完全是人为的。

然而，雅各比的批评也可以理解，因为傅里叶分析最初的版本的确不那么严谨，法兰西科学院的评委在颁发奖项以表彰他对热传导的研究时评价道："他的分析还有待改进，一方面是从普遍性角度来说，另一方面是严谨性。"事实上，用积分来代替 A_n 得到等式，只有在某些条件下才成立，尤其是当函数 f 相当规则（连续函数和连续导数）的情况下。如果函数是不规则的，问题就变得棘手了，甚至非常难办⋯⋯

所以，后来其他数学家将傅里叶的研究重头来过。康托尔就是其中的主力。在思考无穷多项的和 $a_n \cos nx + b_n \sin nx$ 时，他专注于点 E 的集合，使得 E 的和为零导致所有参数 a_n 和 b_n 为零（零与此类成系列展开的唯一性有关）。对这些集合的研究推动他比较无限，于是就引发了我们前面看到的数学基础危机。

▼ 无所不在的用处

如今，傅里叶分析是所有物理学家都必须掌握的一项工具，尤其是专攻信号的那些科学家。信号这个术语来自电，但广义来说，它是一种会随着时间变化，并且传送信息的物理量。由麦克风捕捉到的声波就是一个例子。为了让声音信号可视化，我们作出麦克风的薄膜在气压作用下变化的位移 $f(t)$。如果我们把一个音延长，就得到了一个周期性信号。

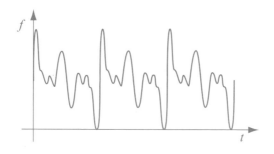

一个延长音的记录，此处为fa（发）

　　傅里叶的理论让我们能将周期为 T，频率为 $F=1/T$ 的信号 f 分解成一个三角函数 $a_n \cos(n\, 2\pi F\, t) + b_n \sin(n\, 2\pi F\, t)$ 的无穷项之和，称之为 f 的谐波。主要谐波符合 $n=1$，频率为 F，后续的符合 $n=2$，3 等等，频率为 $2F$，$3F$ 等等。用于确定一个信号的谐波的计算，就是积分计算，所以可以由计算机自动完成。比如说，我们可以通过消除听不见的谐波来得到压缩声音文件。大卫·霍夫曼（David Huffman，1925—1999）发明出无损数据压缩，得到 MP 3 编码：使用最少的比特数，编码出现频率最高的八位字节。同样的计算用于去除与信号重合的噪声。

▼　小波压缩

　　同理，在图像里 JPEG 压缩也是这样运作的。首先将图像切分成像素块（8×8 或 16×16）。惊人的是，每个像素块都像对待声音那样处理……2000 年以前，人们一直使用纯傅里叶分析来压缩图像。自此以后，它就被一种相近的版本替代了——"小波"理论，傅里叶的正弦曲线被在时间里定位的曲线所取代。石油勘探工程师让·莫莱（Jean Morlet，1931—2007）于 1984 年引入了"小波"这一术语。在莫莱的小波里，一个余弦函数被一个指数函数 [指数为 $-(ct)^2$] 减弱。

我们姑且略去细节不论，重要的是明白该方法改进了傅里叶分析，但仍然会损害图像质量。就像 MP3 压缩一样，一种霍夫曼式的压缩随机被应用。由于是一块一块完成的，压缩并不均匀。于是我们避免在 JPEG 格式下更改图像。它只用于传输。

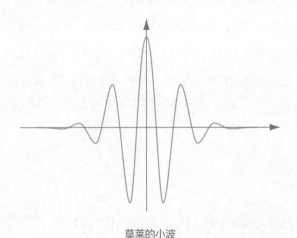

莫莱的小波

通过傅里叶分析或小波理论，信号理论还有许多除了压缩和传输之外的其他应用。仅仅在声音和图像的领域里，就有改善一个被削弱的信号、信号过滤、信号转换、辨认形状等等。傅里叶的研究功在千秋，不论是在他所针对的领域，即服务于全人类的应用，还是在纯数学领域，都是如此。法国数学家伊夫·梅耶尔（Yves Meyer，1939—　）就因他在发展这一理论上做出的贡献而于2017年获得阿贝尔奖。

≪ 11

建筑中的数学

建筑无疑是我们社会里最醒目的数学表达。大众对不少城市留存的美好印象，都可以归功于在数学上完美无缺的建筑奇观。如果没有埃菲尔铁塔的纤细身影，巴黎会失去不少韵味；如果没有世界上首屈一指的悬索桥金门大桥，旧金山应该会黯然失色；如果没有如贝壳一般层层叠叠的歌剧院，悉尼就不是那个悉尼。在传统建筑里，墙和屋顶的设计由直线和平面占据主导。数学在建筑技术领域掀起了一场革命：曲线诞生了！

建筑里最古老的弯曲形状是拱顶。诚实一点来说，古时候的工匠肯定是逐渐摸索出拱顶的建造工艺的。在此之前，要想在墙上开一个口子，或者造一块天花板，人们会在上面放一块相当长的石头，充当拱券；在公元前三千多年前的遗址里能找到大量拱券为例，有些拱券遗迹断成了一块一块。如果手边没有足够坚硬的石块，建筑师就将好几块较小的石头组成拱形。中间的石块被称为拱顶石，位于整个结构的一角。这个技术也许是反复试错而得，虽然与阿基米德同时代的工程师已经完全掌握了所需知识，知道施加于石块的力的总和，从而明白拱顶石的作用。

▼ 越来越壮观的拱顶

随后，由于基本原则变得更复杂，所以对力进行计算就变得不可或缺。在拱顶里，很重要的一点是，边上的支撑必须足够沉重，才不会被施加于拱券的侧推力移开。对于更大的开口，建筑师就增加立柱或女像柱（雕刻成女子形象的立柱），比如雅典卫城的伊瑞克提翁神庙。拱券被置于这些立柱之上，形成一道门。

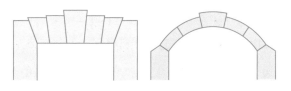

拱券与拱顶石

同样的想法也被古罗马人用于建造圆拱顶，但其实古埃及人和古希腊人就已经用上了，虽然后者常常用这个技术来建造实用建筑，如仓库或管道。同理，拱顶的重量施加于侧边的支柱上，由全部支柱来维持整体的稳定性。这些拱顶能够一直延伸，构成厅堂的天花板。它们也可以用于构建如罗马桥之类的桥梁。

在古典时期，不论是古代的还是现代的，都出现了圆、圆柱和球体，主要是在拱顶和圆顶，一直到现代的各种形状大爆炸。抛开平屋顶、斜屋顶和拱顶不谈，希腊人想出了半球形穹顶，即圆顶。这些结构的稳定性原则依托于坚固的墙壁，经过精心计算，能够像承托拱顶一样，承托圆顶的重量。古时候的圆顶，比如君士坦丁堡（今伊斯坦布尔）的圣索菲亚大教堂，拥有宏大的地基，能够维持整体的稳定性（很可惜，1346 年，圣索菲亚大教堂的圆顶因为一场两年前的地震而崩塌了）。

▼ 建筑学的挑战

佛罗伦萨的圣母百花大教堂向建筑师提出了一个更棘手的难题。1418 年，建筑已接近完工，只剩下安装圆顶，就能拆除脚手架了。在它的顶端敞开着一个直径为 45 米的大开口。然而，设计它的建筑师去世了，没有留下具体的穹顶施工图，告诉工匠如何闭合。麻烦的是，没有人知道怎样让一个如此恢弘厚重的结构稳稳立在框架上，也不晓得在没有木脚手架的情况下如何建造它，因为规模太庞大所以无法使用脚手架。为了解决这一问题，一场建筑比赛拉开了序幕。菲利波·布鲁内莱斯基（Filipo Brunelleschi，1377—1446）以一个内外兼顾、轻盈巧妙的双重结构拔得头筹。它是一圈一圈被架上去的，没有任何支撑，有点像非洲某些国家在建造拱肋形状的房子时那样。这类建筑在上埃及也很常见，可能是在古代的努比亚王国发明的。

▼ 抵御地震

建筑师花了很多力气维持结构的静态平衡，致力于让支撑柱提供一个仅仅作用于垂直方向上的推力；如今还要附上我们对动态平衡的研究，在对抗地震时尤其能派上用场。用悬索桥来举例更容易理解，最简单的悬索桥在喜马拉雅山。穿过一座这样的桥就能明白它微妙的平衡，以及所面临的危险。

喜马拉雅山上的悬索桥弯弯地悬挂在两座山之间。如何将两端牢牢固定在山上，是首先必须考虑的问题。两端要用绳索系在差不多同样高度的坚固岩石上。这样一座桥会受到横向和纵向运动的影响，所以一旦有多个人一同过桥，其过程就令人心悬，最糟糕的情况是当所有人齐步走的时候。有时我们会感觉仿佛身处在一个大秋千上，保持平衡就不那么容易了！如果风也来帮倒忙，那就更不堪设想了……

要想摆脱这些烦恼，最巧妙的喜马拉雅悬索桥依靠施加侧面压力的绳索来维持稳定。这些绳索组成的曲线呈抛物线的形状，这样一来，就会始终沿着桥施加相同的压力（经过复杂的计算所得）。在喜马拉雅悬索桥里，我们找到另一种曲线，与抛物线十分相似（伽利略曾认为这是同一种曲线）——悬链线，这是两端被挂起的链条形成的曲线。克里斯蒂安·惠更斯（Christian Huygens，1629—1695）找到了它的方程，写作一个双曲余弦函数。如果拉紧这些支撑悬索桥的绳索，它看上去就会像一条直线。经过观察后我们发现这种情况并不会发生。为什么呢？很简单，为了减少施加到两端的压力，否则最终这两端会断开。为了把压力减到最小，最理想的形状就是悬挂高压电线和架空索道所使用的形状。

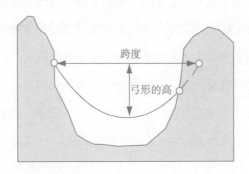

计算得出，弓形的高（曲线最低处和连接两个固定点的水平线之间的距离）必须等于跨度的三分之一，但是走在这样的桥上极其危险！所以弓形的高很少达到三分之一，甚至很少超过跨度的十分之一。

▼ 现代桥梁

现代悬索桥，比如法国的坦卡维尔桥，与喜马拉雅山的悬索桥一样壮观。现代悬索桥由一块金属桥面构成，桥面由一根缆绳支撑，缆绳在两点之间由间隔规律的钢索来拉紧。与前文所述的理由相似，缆绳为抛物线状，而不是普罗大众以为的悬链线：它不是在吊，而是在支撑！对于中等和小荷载的桥梁来说，弓形的高约等于跨度的九分之一。当然，有些悬索桥包括好几个桥跨，相当于好几座连续的桥，所以中间桥跨不需要锚定，因为已经由前面的桥代劳了。

凡是走过喜马拉雅悬索桥的人都知道，如果好几个人一起齐步走在桥上，那就很容易让桥剧烈摇晃，直至行人失去平衡。

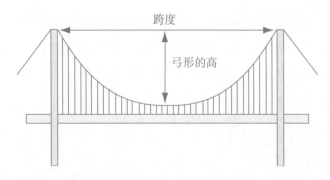

悬索桥示意图，弓形的高被大大夸大了

1831 年 4 月 12 日，在英国兰开夏郡的布劳顿大桥上，上演了灾难性的一幕。第 60 步兵团的 74 名士兵迈着整齐的步伐经过布劳顿大桥，桥与他们产生了共振，开始晃动。一根柱子崩塌，倒向桥面，大桥不堪重负，轰然倒塌，40 名士兵落水。幸运的是，离桥面六米的河水并不深，最终只有 20 多人受伤。该事件发生后，英国军队修正了操练指令，决定在过桥时不再齐步行进。法国军队也从善如流，然而在 1850 年的昂热仍然发生了一起更严重的悬索桥倒塌事故。那一次，遇难人数高达 220 名。

该现象在物理学里被称为共振。所有振动的东西都逃不过它。两个典型的例子是地震和我们有规律地推动以增强摆幅的秋千。1940 年 11 月 7 日，美国的塔科马海峡大桥在一小时的异常摆荡之后坍塌（在互联网上可以搜索到相关视频……），而当时的风速只有 65 千米 / 时，却令摆荡不断加剧，最终酿成惨祸。灾难的源头错综复杂，但是建筑师的错误在于只考虑到风的静态影响，还没有顾及其动态影响。如今，桥面都必须像机翼一样处理，以便抵抗大风。

让我们仍然驻足于数学王国，看看另一种不用喜马拉雅吊桥那种 U 形曲线的悬索桥——斜拉桥。法国的米约大桥和其他此类桥梁不需要锚固在两岸，因为它们依托于垂直的塔柱。这样一来，它们就能建造在疏松的土壤上。相反，斜拉桥的跨度都比较小，目前每根塔柱最多只能负担 1100 米，因为大跨度意味着塔柱也得非常高，对抵御狂风很不利。桥面被从塔柱出发的斜索紧固，由塔柱来承担整座桥的重量。

▼ 从直线出发的曲线

现如今，建筑主要由钢筋混凝土来建造。钢筋更偏爱用直线组成的表面，比如平面或圆柱体。但这不能阻挡人们对更复杂表面的向往，哪怕只能借助直线来实现……让我们来试试看将自行车的两个轮子安装在同一根金属杆上。用橡皮筋连接这两个轮子，就会得到一个圆柱体，这是一个相对常见的曲面。只需要转动其中一个轮子，比如说上面的那个，就会产生一个更惊人的物体。橡皮筋移位了，一个全新的曲面出现了。它有一个复杂的名字：旋转单叶双曲面。

它因何得名呢？很简单，就因为我们让一个双曲线围绕它的一根轴旋转也能得到它。如果我们让同一个双曲线围绕另一根轴旋转，就能得到一个分为两部分，或者说或者双叶的曲面。为了区分这两个迥然相异的曲面，我们总是要说清楚"叶"的数量。如果继续这样旋转轮子，就会得到一个圆锥。

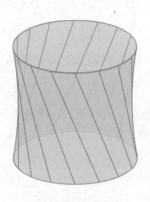

旋转单叶双曲面

在构成上讲，这些曲面围绕轮子的轴线旋转，产生它们的直线（橡皮筋）被称为母线。现在我们把圆柱体向另一个方向旋转。你就会得到同样的曲面，它具有两种母线。如果我们用固定在两个初始圆上的不变形金属杆筑造的话，就保证了它的刚性。

旋转单叶双曲面，以及两种母线

▼ 核电站的几何之美

日常的风景中随处可以见到这样的曲面，由于物理方面的原因，火力发电站和核电站的冷却塔都采用旋转双曲面的外形。有些水塔也有类似的外形。用交错的栅来加固混凝土，就能简化钢筋捆扎（也能让钢筋自己立住）。在尼泊尔，传统的凳子就是用相同长度的竹子制作而成的，绳子捆在不同的位置，向一边和另一边以同样的角度转动，最终得到完美的旋转双曲面。

在用来构建双曲面的方法里，我们可以用平面来代替圆柱体。我们得到一个容许两种母线直线的新曲面。它的名字叫双曲抛物面，因为我们在里面既可以看到抛物线，也可以看到双曲线。 出于同样的原因，这种新表面也同样获得了建筑师的青睐。 它主要用于建造屋顶。

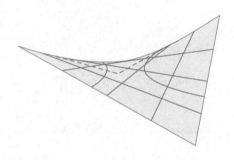

带有母线、抛物线和双曲线的双曲抛物面

在 20 世纪 20 年代的苏联，一股建筑风潮试图开发现代的可能性来颂扬共产主义，于是催生了令人耳目一新的建筑。比如叶卡捷琳堡的伊塞特大厦呈现镰刀和斧头的形状……但只有从天空俯视才能看到。 更有趣的是，近十年来，结构主义运动兴起，越来越多新作品渴望脱离以"经典"摩天大楼为代表的现代建筑的理性主义。 这种风格的代表作品就是悉尼歌剧院，它由一系列贝壳组成，整体形成了一个直径为 75 米的球体。 屋顶的整个表面是由超过 100 万片一模一样的瓦片构成的，这就简化了建筑过程。

▼ 大胆的建筑

如果说悉尼歌剧院的美是无可争辩的，那么其他现代建筑可就并非如此了，虽然它们同样令人着迷，比如伦敦的"酸黄瓜"，其名字来自它酷似酸黄瓜的外形。它的表面被包覆住，就好像装饰包覆在结构上。墨西哥的索马亚博物馆也是如此。在它内部，通向各展厅的走道呈螺旋形。整个建筑是围绕一个钢筋混凝土结构建造的，在钢筋混凝土上覆盖一个内曲钢杆外骨骼，而在外骨骼上覆盖大量三角形，在三角形上铺设 1.6 万片铝制六角形瓦片。整个白天，太阳照耀在这些瓦片上，赋予它流光溢彩的反射效果。

还有一个不同的结果，更让人想到托尔金的《魔戒》，而非乔治·卢卡斯的《星球大战》，那就是法国的蓬皮杜中心梅斯分馆，它的屋顶就是按照曲线的原则建造的。

▼ 改善声学效果的曲线

当人们希望能将声音完美地从一点传到另一点时，数学又在建筑学里大显身手了。在中世纪的收容所里，出于谨慎和保密的考虑，人们希望能不用靠近病人或不用抬高声音，就能与病人交谈。建筑师在椭圆型拱顶中找到了解决方法。事实上，椭圆形有一种有趣的声学性质，与它的焦点有关。请想象一个椭圆形的拱顶，就像巴黎地铁站里那样。如果你站在其中一个焦点的位置，开始说话，虽然一开始你的声音分散了，但是随后它们又会聚集到另一个焦点处，所以你的声音在另一边也清晰可闻。这个结果在地铁站里蔚为奇观：我们能站在站台上向对面的站台讲话，不必抬高声音，也不用怕被所有人都听到。只需要面对面站好，往椅子前站一点点，那里是过去检票员站着的地方，就可以毫不费力地隔岸聊天啦。

　　法国上卢瓦尔省的拉谢斯迪约修道院里有一个大厅也有这种形状。过去就是用这个方法让麻风病人做忏悔的……

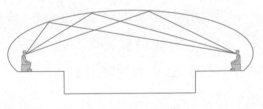

一个穹顶为椭圆形的地铁站台

　　另一个建筑问题导向了一个几何答案，直至建立了一个如今已经过时的几何学——画法几何（又称投影几何）。问题如下：如何隐蔽在要塞堡垒里？这里的"隐蔽"要理解为如何躲在建筑物的内部，不被看到，也不会受到攻击。建造高高的围墙尚不足以保护一个要塞，因为造得越高，就越脆弱。

在实战中，如塞巴斯蒂安·勒普雷斯特·德·沃邦（Sébastien Le Prestre de Vauban）这样的优秀工程师知道如何掩人耳目。可从一张简单的侧面图如何着手呢？加斯帕尔·蒙日（Gaspard Monge，1746—1818）为解决这一难题，发明了画法几何，从而让工程师免于奔波劳累。还是这个蒙日，也许同样受到建造防御工事的驱动，发表了《挖方与填方理论的论文》，在其中提出一个非常具体的例子：如何用最经济的方法，将成堆的沙子转移到一些目的地去？

这个问题可以概括为最优化运输问题：一个供货商怎样以成本最低的方法，将货物运送到好多个销售点？蒙日问题后来被列奥尼德·康托罗维奇（Leonid Kantorovitch，1912—1986）重新发现，后者因其在该问题上的贡献而荣获 1975 年诺贝尔经济学奖。他为此开创了一个全新的领域：线性规划。随后，塞德里克·维拉尼（Cédric Villani，1973— ）因将该最优化运输问题与气体扩散问题相联系重启该研究而获得菲尔兹奖。数学不仅善于在两岸之间搭建通路，也很擅长在不同的学科之间架设桥梁。

数学与艺术：
意想不到的亲缘关系

　　壁画之谜、几何上不可能之事、音阶无限上升……当数学插手艺术，现存的所有条条框框都荡然无存。多亏了数学，人们能肆无忌惮地表达最疯狂的畅想，最富有创造力的灵魂摆脱了束缚，为形而上学的爱好者带来了福音。本章将介绍数学与艺术之间的丰富关系。而且好消息是，不用硕士学位就能陶醉其中。

　　让我们将这次旅行的起点设在日本吧。"算额"（Sangakus）是写有数学题的小木板，悬挂于日本的神道寺院内，有时候也悬挂在佛教寺庙里。它们可以追溯到明治时代之前的江户时代（1603—1867），当时日本已经完成了西方化进程。虽然算额的悬挂之处在外形上与酬谢神明的还愿物有相似的地方，但算额可并不用来表示什么感谢之情。这些绘有美观图案的小木板列出了由直线和圆形组成的几何谜题。不懂日语的人不明白图案旁边的文字描述，但是数学家能看明白木板上设下的挑战和要解决的问题，这正是绘制算额的初衷。有些当代艺术家，比如让·康斯坦特（Jean Constant），如今还在延续这一传统，但他把焦点放在了美学上。

这个例子参考了当代日本数学教授深川秀俊（Hidetoshi Fukagawa）发现的一个算额。它列出的谜题如下：两个三角形是等边三角形，那么这两个圆的半径之比为多少？答案很简单，你能找到吗？（要注意，虽然只是基础几何，证明过程却并不那么简单；答案为 2。）

▼　分形的艺术

你还记得分形那章里介绍的炫酷图形吗？那些无限重复的图案令人头晕眼花。如果我告诉你它们启发了许多艺术家，相信你也不会感到意外。我尤其想介绍若斯·莱斯（Jos Leys）和热雷米·布吕内（Jérémie Brunet），他们借助分形曲线，创造出了一些非同寻常、令人眩晕的形状。若斯·莱斯的作品让人联想到外星人，而热雷米·布吕内的作品则更像科幻小说里的太空飞船。

数学也会以更经典的方式向艺术家说悄悄话。帕特里斯·吉纳（Patrice Jeener）从数学方程出发，雕刻出古怪的形状，有的甚至酷似动物。他对极简表面表现出了强烈的兴趣，其简化版的定义是"面积最小化的表面"。它们中的大部分都能用覆盖在某个轮廓外的肥皂泡来体现，因为肥皂泡薄膜会尽可能减少能量损耗，也就是将表面最小化。

帕特里斯·吉纳从巴黎的庞加莱研究所图书馆里汲取一部分灵感，那里面收藏了数百个数学模型。比如后文将涉及基于卡尔·魏尔斯特拉斯（Karl Weierstrass，1815—1898）研究的一个函数的作品原件。

庞加莱研究所是一个名副其实的阿里巴巴山洞。那里藏有各色各样与数学理论相关的珍奇物件。曼·雷（Man Ray，1890—1976）在 20 世纪 30 年代进行了拍摄，称它们为艺术品。

他在自传《自画像》里这样评论道："在我带回好莱坞的照片中，有整整一盒样片是在 20 世纪 30 年代拍摄的，用于为一系列画作充当原型。照片里的物体有的是木头的，有的是金属的，还有用石膏或铁丝做的，都存放于庞加莱研究所积满灰尘的玻璃窗后，用作代数方程的说明。这些方程对我来说没有任何意义，但是这些东西的形状本身与我们在大自然里看到的一样丰富多变，一样真实确凿……我在作画时，不会原样照搬，而是用每一件来构思一幅画……当我画完十五幅这样的画之后，我给它们起了一个总题：莎士比亚方程。为了区分它们，每一幅画都随意安上一部莎士比亚戏剧的标题，想到什么就用什么。于是，最后一个标题为：皆大欢喜。有些人能从主题与标题中看出象征性的联系。"

曼·雷在翻检庞加莱研究所的成年古董时，见到了帕特里斯·吉纳重新绘制的魏尔斯特拉斯函数。他为它重新取名：《温莎的风流娘儿们》。

▼ 几何，数学与绘画之间的桥梁

一些古典画家将数学符号偷偷藏入他们的作品里：丢勒的《忧郁》、弗兰斯·弗洛里斯的寓意画（几何拿着圆规俯身于地球仪之上）、贾恩·博克霍斯特的《几何》。几何！如果要列出一个与绘画关系最密切的数学领域，那么毫无疑问就是它了。出于两个原因，首先是文艺复兴时期人们发现了透视法则。

在此之前，艺术家从未试图如实呈现人眼从一个给定点出发看到的场景。通常，人物的相对高度并不代表他们的远近，而是由其重要程度来决定的。所以，权贵、神明、国王或法老就被画得比普通人高大。我们偶然在文艺复兴之前的作品里也能看到逼真的纵深感，比如庞贝古城里的某些壁画，但这更多应该归功于艺术家的直觉，而非洞悉了一种系统理论的结果。

第一个给出透视几何规则的人是莱昂·巴蒂斯塔·阿尔伯蒂（Léon Battista Alberti，1404—1472）。他在《论绘画》里写道："我们把光线想象成极细的线，在眼睛里形成一种紧密相连的光束……"皮耶罗·德拉·弗朗切斯卡《耶稣复活》里的那排树和当时的石板画都能看到这些新法则的踪迹。

在古典主义时期，透视法传播到了各个领域。该绘画技术还催生了上文介绍过的投影几何。

▼ 令人疯狂的几何！

绘画对几何学产生浓厚兴趣的第二个标志是，几何形状在现代艺术中的大爆发：从康定斯基到米罗，更不用说还有保罗·克利。这种频繁使用在埃舍尔和瓦萨雷里的作品里达到了巅峰，他们二人歪曲了投影法则，从而创造出空间中不可能存在的物体。让我们先来看看埃舍尔那幅著名的永恒瀑布。他从九个木块出发，放在三条竖线上。如果用透视法来画这些方块，就会得到下页图左边的画。让上面左边的方块移到右边方块的后面，在纸上可以做到，就得到了右边的图形……但是在空间里这是一个不可能出现的图案！

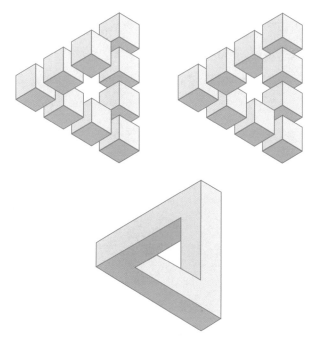

左图为透视法里的九个方块。右图为不可能实现的图形。
下图为彭罗斯三角

抛开方块后，我们得到了一个新图形：彭罗斯三角，英国数学家罗杰·彭罗斯（Roger Penrose，1931—　）在 1950 年发现了它。然而，早在 1934 年，瑞典艺术家奥斯卡·雷乌特斯瓦德（Oscar Reutersvärd，1915—2002）就已经画出了类似图形的草稿。

这个空间物体似乎有四个面。但其实，它只有一个面。将两个这样的物体组合在一起，就能创造出一个虚拟的瀑布，其水流运动永不停止，而且纯属虚构。在下一个图形里，水沿着直线运行，掉落后启动了一个水磨……然后又出发继续掉落。然而，水流是水平流动的，左边的瀑布是假的。

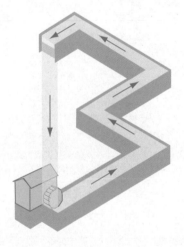

埃舍尔式的永恒运动

▼ 铺砌，几何与绘画结合而生的坏孩子

埃舍尔也以他的平面铺砌闻名于世。在他之前，俄国数学家叶夫格拉夫·费多罗夫（Evgraf Fedorov, 1853—1919）

证明了，要想让同一个图案再现，在不翻转图案的情况下，有五种不同的方法来铺砌平面，如果要翻转图案，就需要增加十二种方法。前五种方法可以在格拉纳达的阿尔罕布拉官的瓷砖上看到。有些人认为那里有着十七种不同的铺砌方法，但似乎并无实据。

最容易实现的铺砌法是由菱形构成的，那些菱形让人想到透视法看到的方块。用两种不同的方法将这些菱形组合在一起后，就能构成其他铺砌法，比如下图中由星形和六边形组成的图案。

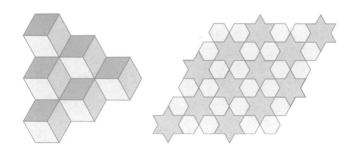

左图为菱形构成的铺砌图案，右图为衍生的图案

这种铺砌是由 120° 旋转（将铺有三种菱形的同一块铺面里的不同灰度的菱形进行变化）和两次平移（向量彼此为 60°，将一个铺面变成另一个）产生的。其他铺砌方式对应其他四个可以在几何形状里找到的群，如前一个图形里的菱形。

这些群可以让我们利用更具有独创性的图案来制造铺面。 为此，雕塑家拉乌尔·拉巴（Raoul Raba）想到从印有上述几何铺砌基础图案（即菱形）的纸出发，将它一折为二。

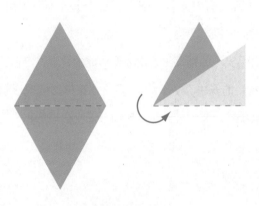

将基础菱形一折为二

我们得到一个等边三角形，再将上面的边粘好。 随后在上面那个面上选择一个点 P，将三个顶点 A、B、C 经过其中一个面相连。 唯一的条件是这些路线彼此不能交叉。 接着将纸展开，就得到了下页中的图案，我们复制了原先的等边三角形。

这种构建方法确保了初始的铺砌群被保留。 图案完全与它围绕中心 O 旋转 $120°$ 的变形图案相匹配。 它也与其他对初始铺砌群平移的变形图案相匹配。 我们就这样根据同一个群创造了一个全新的铺砌图案。

拉巴的方法适用于五个基础图案：等边三角形、等边半三角形、正方形、半正方形和长方形。在每种情况中，原则都与前文所述的从等边三角形出发的一样。

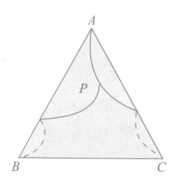

在上面那个面上的点P与顶点相连。下面那个面上的折痕用虚线表示

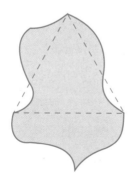

新图案与它来自的等边三角形

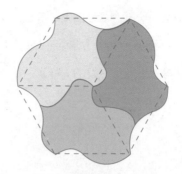

新图案与初始的菱形

重复同样的过程，就能创造出埃舍尔的铺砌，我们将这个大壁虎铺面献给他！

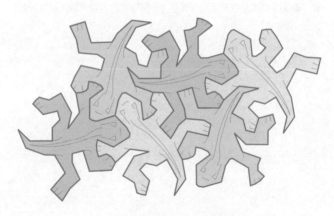

向埃舍尔致敬的大壁虎铺面

我们目前介绍的铺砌都是周期性的，因为它们都从单独一个铺面平移构成。彭罗斯发现了非周期性的铺砌，我们在下页列出了若斯·莱斯的一个作品。这些铺砌还能应用到化学上，用于描述准晶体的结构。我们在彭罗斯之前就找到了此类铺砌，尤其在 15 世纪的伊斯法罕陵墓里。

▼ 当音乐响起……当数学轰鸣……

虽然数学影响绘画的例子汗牛充栋，但我还是决定先离开图形艺术的世界，来聊聊音乐。许多数学家都遇到过音乐问题：

比如毕达哥拉斯、伽利略、笛卡尔和欧拉。如今，数学家更多是音乐想象力的支撑。从本质上来讲，音乐是借助如音符、节拍等离散量来运行的，所以很适合进行数字移项。

所以，有些音乐家将 π 的小数点后的数字转化为音乐。比如大卫·麦克唐纳（David MacDonald）将从 0 到 9 的每个数字按升序对应音阶里的一个音符。因为有十个数字，他利用高八度的音来代表数字 7、8、9。随后他为左手添加了伴奏。效果相当惊人！

伊斯法罕达卜伊玛目陵墓三角楣上的非周期性铺砌

3,1 4 1 5 9 2 6 5 3 5 8 9 7 9 3 2 3 8 4

π小数点后前几位数字谱出的音乐

　　罗杰·谢巴德（Roger Shepard）重又拾起无限上升的阶梯
（"彭罗斯阶梯"）的想法，创造出一种在音阶上无限上升的声
音。谢巴德的一个音符是同一个音符在不同八度里同时弹奏
的组合。反复弹奏这些音符的话，就会让人感觉像彭罗斯阶
梯一样在不停上升。

　　我们能用三种乐器来制造这种声音幻觉。为此，我们让
每种乐器演奏出不同八度的 do，然后顺着音阶往上弹：re、
mi 等等。当我们弹到下一个八度里的 do 时，弹奏最高八度

音的乐器就下降三个八度。这个转变神不知鬼不觉，因为其他两个乐器还在继续爬升音阶。

彭罗斯阶梯

　　计算机音乐领域的专家让－克劳德·里塞（Jean-Claude Risset，1938—2016）跟随其脚步，创作出这一无限上升的持续版本，谢巴德－里塞滑音。他还想象出一种类似的音乐，其速度似乎无限加快或减慢。这是不是可以归入非欧几里得音乐几何？

数学拯救地球?

地球能喂饱即将达到一百亿的居民吗？在迫近的未来，病毒大流行会让人类数量锐减吗？气候变暖会使接下来的一个世纪内升温幅度越过 2℃ 的门槛吗？地球的未来令人乐观吗？面对这些威胁，数学能提供弥足珍贵的帮助！

地球资源管理、人类生命延续、社会良好运作，都与一件事密不可分：预测。如果我们要赋予预测以科学的价值，那么就必须让它依托于现实模型。社会学里最古老的数学模型与一个名字紧紧相连：托马斯·罗伯特·马尔萨斯（Thomas Robert Malthus，1766—1834）。

马尔萨斯本人与马尔萨斯主义所代表的负面形象完全不是

一回事。他认为在每片土地上，人口变化都符合一个指数模型，也就是说本年度的人口数量等于去年的人口数量乘以某个比率。然而，食物资源的增长（以能喂饱的居民数量为单位）符合一个算术模型，也就是说本年度的食物资源等于去年的食物资源加上某个值（反映出耕地的增长量）。马尔萨斯由此推断出，灾难必然会降临，因为或早或晚，这片土地上的居民人数呈指数增加，必然会超过它能喂饱的能力。所以他提倡……控制出生婴儿的数量。

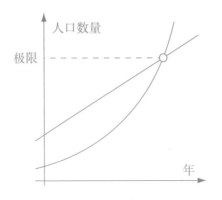

马尔萨斯认为的人口变化（曲线）与食物资源变化（直线）

他的观点在当时很不受欢迎，尤其不受天主教派欢迎。自那以后，"马尔萨斯主义"这个词就带上了贬义的色彩。它针对所有控制出生率的政策。普遍来讲，创建数学模型是为了了解现实，比如了解人口变化的现实。我们不应该忘记这点，也不应该把它与现实相混同。数学模型的结论在实际应用前必须与现实对照比较。

从这个意义上说，马尔萨斯在描述长期人口变化时使用的指数模型是行不通的。任何指数增长都会达到顶点，老祖宗也告诉我们："树没法长到与天齐高。"所以在动物世界里，我们从来不会看到无穷无尽的增长。如果食物匮乏无法阻止，那么天敌就来收拾它们。猎物与捕猎者之间的互动在数学上也非常复杂，可能会导向平衡，或者导致两个物种的灭绝……甚至大混乱。

▼ 旅鼠人口学

有一股看不见的力量在动物世界里掌管自然调节的职能，我们下面来介绍一个惊心动魄的例子，其主角是生活在北方的旅鼠，这种啮齿类动物长得很像仓鼠。相传旅鼠毫不利己，无私奉献，当种群数量过多时，它可以为了集体的利益而大量自杀。有一部"纪录片"无疑就是这一传说的源头。1958年，在《白色荒野》（*White Wilderness*）里，迪士尼公司介绍道，一批批旅鼠前赴后继地从悬崖上跳进海里。显然，这是一种电影特技效果。仔细检查影片就能发现，在屏幕上从来不会同时出现超过十二只旅鼠。

这个虚假的证据却有那么一点实情：旅鼠的数量有规律地往下掉（是数量下降，而非动物本身跳崖）。旅鼠数量的变化事实上符合一条奇怪的曲线：

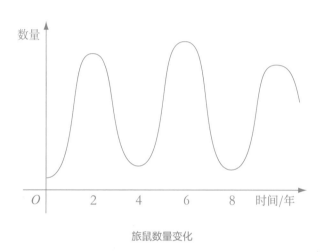

旅鼠数量变化

这条曲线每四年都会重复一次，但是它在周期最低点太接近 0 了，只要密切追踪旅鼠数量变化的人，都会担心它们灭绝。最低数量与最高数量之间的差别令人震惊：差不多从 1 到 1000！

事实上，这种波动是由旅鼠及其主要天敌白鼬的关系引起的。狐狸和雪鸮也捕猎旅鼠，但它们还有别的选择，而白鼬只以旅鼠为食。当旅鼠的数量因为被大肆捕猎而开始减少，这种专一性就会导致白鼬自身的数量也日渐稀少。幸存的旅鼠因此得到喘息的机会，扩充数量，历史就这么一直反复重演。意大利数学家和物理学家维多·沃尔泰拉（Vito Volterra，1860—1940）第一个提议用模型来量化描述旅鼠的数量变化（见下文引文文字）。

用来描述旅鼠数量变化的洛特卡 – 沃尔泰拉模型

1926 年维多·沃尔泰拉提出了这一模型，美国人口动态理论学家阿尔弗雷德·洛特卡（Alfred Lotka，1880—1949）于前一年从指数模型得到了灵感，提出了同一模型的初稿。

沃尔泰拉思考旅鼠数量和白鼬数量的实时变化。更确切来说，如果在某一时刻 t，$x=x(t)$ 表示旅鼠的数量，$y=y(t)$ 表示白鼬的数量，沃尔泰拉受益于马尔萨斯的模型，研究 x 和 y，但是将捕猎的情况一并考虑在内。他假设，在 t 和 $t+\Delta t$ 这段时间区间里，旅鼠的数量增长了一个与 Δt 和旅鼠数量 x 成正比的量，而被白鼬吃掉的旅鼠的数量与 Δt、旅鼠数量 x 和白鼬数量 y 成比例。所以，旅鼠数量的增长就等于 $\Delta x=x(a-by)\Delta t$，其中参数 a 等于旅鼠在没有白鼬的情况下的繁殖率，参数 b 表示捕猎。

考虑到如果没有旅鼠，白鼬也会大批死去，那么就能得到方程 $\Delta y=y(-c+dx)\Delta t$，其中参数 c 表示在没有旅鼠的情况下白鼬的死亡率，参数 d 表示白鼬的繁殖率。如果我们知道初始

的数量和 a、b、c、d 这些常量，这两个方程就能够帮助我们计算旅鼠和白鼬的数量变化。这些数值应该进行符合观察结果的调整，即考虑到之前两种动物的数量变化。对某些值来说，我们确实能找到观察到的四年周期。这些方程最后导向微分方程组 $x'=x(a-by)$ 和 $y'=-y(c-dx)$，即沃尔泰拉模型。

沃尔泰拉模型推得微分方程组 $x'=x(a-by)$ 和 $y'=-y(c-dx)$。任何一个数学模型或多或少都是这种类型的：微分方程组，反映不同元素之间的支配关系、初始条件、根据过去观察调整得到的参数。经过计算后，科学家能够推断出对未来的预测。然而，这些预测通常对参数所选定的值非常敏感，在上述系统里我们就验证过了。所以预测结论总是应该与现实对比核实。过去的经验，尤其是在流行病学上的经验，时时刻刻都在提醒我们这一点。

▼　大流行病警告

让我们再来看看 2014 年埃博拉病毒引发的大恐慌。该年 9 月底，世界卫生组织（OMS）注意到，自五月以来，西非感染埃博拉病毒的新增人数每个月都会翻倍。这意味着五月份有 250 个新增病例，到六月就新增 500 例，七月新增 1000 例，八月新增 2000 例，九月新增 4000 例。照这样进展下去，到 2015 年 9 月就会有 1600 万新增病例。这与大屠杀无异，因为接近一半的病人会死亡。但是这个悲惨的未来并没有到来，为什么？

当然，世界卫生组织的迅速反应肯定起了作用。然而，流行病也遵循一条与指数模型不同的逻辑。威廉·克马克（William Kermack，1898—1970）和安德森·麦肯德里克（Anderson Mac Kendrick，1876—1943）在 1927 年首次弄明白了大规模传染疾病是如何运作的。他们的模型将总人口分为三类：S，代表易感者；I，代表染病者；R，代表恢复者和死者（因为在这两种情况下，他们都不会再传播疾病了！）。

SIR 模型根据两个可用实验测量的比率来预测三类人的实时变化。第一个（α）是传染率，即一个人在与病毒接触后感染疾病的概率。第二个（β）衡量从状态 I 到状态 R 的过渡。经过一段时间 Δt，我们计算得出新增感染者为 $\alpha I S \Delta t$，而 R 增长了 $\beta I \Delta t$。感染者人数变化等于 $\alpha S - \beta$ 乘 $I \Delta t$。

如同沃尔泰拉模型一样，SIR 模型也用微分方程组来表示。不用写下来，就可以知道如果感染病人数量增加，即 $\alpha S - \beta > 0$，那么疾病就传播开来（于是形成大流行）。β / α 的商具有临界值的意义。如果潜在可被感染的数量低于这个临界值，那么疾病就不会蔓延。否则的话，一场传染病（或兽疫）大流行在所难免。看上去矛盾的是，流行病是否会出现并不取决于感染的人数，而是受到易感者人数的影响！

▼ 蚊子定理

这一结论本身就能为疫苗政策背书，哪怕是效力不那么强的疫苗。要想杜绝传染病大流行，要下功夫的正是尽量减少易感者人数！以埃博拉病毒为例，在没有疫苗的情况下，只能隔离病患，保护医生，这些都是世界卫生组织提出的建议。这也印证了罗纳德·罗斯（Ronald Ross，1857—1932）在1911年发现的"蚊子定理"：要根除疟疾，不需要杀灭所有的蚊子；只要让蚊子总数低于某个临界值即可。

这条定理在理论上为法国抗击疟疾的政策提供了理由，过去索洛涅、普瓦图沼泽，甚至王港修道院等潮湿的区域都深受其苦。19世纪时在这些地方开展的排水工程（而不是人们认为的服用以奎宁做底的开胃酒）根除了威胁。

▼ 指数：现实还是模型？

让我们以一个问题来为本章收尾吧：为什么很多预测模型都基于指数？我们来想象一个现象，它在 $t+\Delta t$ 时刻的状态

与它在 t 时刻的状态呈线性相关，并受到某些参数影响，比如 2000 个参数（气象模型确实要利用数千个参数：每个气象站至少测得 4 个参数——温度、气压、湿度、风速——而在法国至少有 500 个气象站！）

这 2000 个参数汇聚在一个向量里。如果这个向量在时刻 t 的变化与它的值呈线性相关，我们就能得到一个有 2000 个未知数的 2000 个微分方程组。就好比拥有 2000 个参数，而非 1 个参数的马尔萨斯模型（见第 361 页）。普遍来说，如果仅有一个参数 a，变量 x 在时间 t 的变化是指数型的 $x=ka^t$，几乎总是会走向灾难：如果 $a > 1$，那么 y 趋向无限大；如果 $a < 1$，那么 y 趋向于 0。唯一一个稳定的情况是 $a=1$。即使带有更多参数，问题就愈加复杂，但是变量的变化是相仿的，稳定的情况十分罕见。这样一个系统的特点是，只要主要初始条件出现极小的误差，就会对后续发展产生重大影响。其原因应该归于我们选择的数学模型，还是现实本就如此？毕竟，模型只是模型。重要的是它代表的现实，其结果也应该与现实匹配。几乎每一天的气象预报都在告诉我们这个道理：长期看来并不可靠，我们上文已经介绍过蝴蝶效应就是明证。

我们真的能评估新生儿的
预期寿命吗？

一个小女婴刚刚出生。媒体说，她的预期寿命为85岁。媒体是怎么知道的？预期寿命是什么意思？这个问题在现代社会里有着举足轻重的意义。退休年龄、人寿保险、社保预算平衡……许多公共政策和私域决策的标度尺都要依预期寿命而定。但是这个左右着我们生存方方面面的概念，事实上比它看上去要复杂得多，我们每个人都对它有足够的认识吗？那可不一定……如果你在中学的经济学课堂上老是走神，那我们现在就来复习一下吧！

预期寿命。这个说法挺滑稽的，因为不论是生是死都会纳入计算范围！根据字典里的释义，预期寿命是同年所生的人的平均寿命。对以往的世代来说，也许应该使用"死亡时的平均年龄"这一说法更合适？这是唯一一类我们能确切计算出预期寿命的人群。举个例子，要想确定 1850 年出生的人出生时的预期寿命，只要掌握所有 1850 年的出生证和所有此后的死亡证明就行了。我们就能推断出他们的平均死亡年龄。也可以根据该年出生的世代的死亡率表进行计算。

0	100 000	18	67 265	36	55 724	54	44 392	72	23 569	90	1 181
1	84 905	19	66 749	37	55 155	55	43 607	73	22 039	91	805
2	79 355	20	66 102	38	54 600	56	42 766	74	20 433	92	542
3	76 991	21	64 905	39	54 058	57	41 868	75	18 818	93	368
4	75 304	22	63 645	40	53 497	58	40 964	76	17 198	94	226
5	73 906	23	62 987	41	52 912	59	39 975	77	15 521	95	143
6	72 901	24	62 396	42	52 320	60	39 003	78	13 932	96	95
7	72 132	25	61 855	43	51 713	61	37 958	79	12 221	97	62
8	71 483	26	61 287	44	51 100	62	36 967	80	10 820	98	43
9	70 817	27	60 738	45	50 487	63	35 874	81	9 369	99	27
10	70 280	28	60 197	46	49 873	64	34 722	82	8 072	100	17
11	69 877	29	59 655	47	49 276	65	33 453	83	6 842	101	7
12	69 508	30	59 110	48	48 660	66	32 179	84	5 741	102	4
13	69 179	31	58 561	49	48 004	67	30 803	85	4 758	103	1
14	68 874	32	58 003	50	47 328	68	29 454	86	3 843	104	1
15	68 549	33	57 435	51	46 573	69	27 929	87	3 077	105	1
16	68141	34	56 863	52	45 881	70	26 570	88	2 390		
17	67 728	35	56 294	53	45 136	71	25 149	89	1 797		

10万个1850年出生者在每个年龄的幸存人数

有了这张表格，我们就能计算出，1850 出生的人里，出生后第一年死亡的人有多少：出生人数（100000）减去出生一年后的幸存者（84905），即 15095。同样，84905 减去 79355，即 5550 个人在出生后第二年死去。以此类推，就可以知道，2364 人在出生后第三年死去，等等。具体的死亡时间我们不得而知，我们只能估计它发生在这一年的当中。

这样一来，在出生后第一年死亡的婴儿被算作在 6 个月大时去世，在出生后第二年死亡的被算作在一岁半去世，等等。为了计算平均死亡年龄，15095 人计作 0.5 岁，5550 人计作 1.5 岁，2364 人计作 2.5 岁，等等。然后我们将 0.5 与 15095、1.5 与 5550、2.5 与 2364 等乘积的和相加，将最终结果除以 100000，就得到 41.5 岁。

如果我们要研究活过出生后第一年的人的预期寿命，也可以使用类似的计算方法。我们得到的结果是 48（总共应为 49 岁）。如果我们排除新生儿死亡的情况，1850 年出生者的实际预期寿命接近 50 岁，其中包括在 1870 年普法战争中去世的人（我们在表格中也可以看到战争的影响）。

▼　活人的预期寿命

这种用死亡率表计算预期寿命的历史方法，无法计算出刚出生婴儿的预期寿命，只能计算整个世代都已去世的人的预期寿命。想要估计活着的人的预期寿命，就要进入预测的领域。

举个例子，如何知道刚出生的孩子有多少会在 10 岁死亡？事实上，我们通过该年的死亡率来估计。具体而言，我们通过估算人口和死亡人数，计算两种性别在每个年龄的死亡率之比。在没有任何人口迁移的情况下，这很容易做到。

假设在某一年的 1 月 1 日，40 岁的人计有 440428，到 12 月底，这一年中 40 岁的人有 815 个死亡。那么该年里 40 岁的人的死亡率就是 815 除以 44028，即 1.850‰。还要进行一个小小的修正，将新生儿也纳入考虑。如果下一年的 1 月 1 日，41 岁的人的数量是 440112，与上一年的逆差就是 316 人，而死亡人数有 815。两数之差来自迁入人口差额 815 减去 316，即 499 人。由于不知道他们何时迁入，所以我们在 1 月时把他们中的一半计入人口。现在将 815 除以 440678，几乎不需要校正，因为最终死亡率为 1.849‰。如果能应用大数定律，这个方法就相当可靠。反之，结果就五花八门，尤其是对年长的情况而言。

▼ 精算表

从人在每个年龄的死亡率出发，统计学家重新列出死亡率表。他们不再考虑真实的人口，而是一个由 10 万人组成的虚拟世代，他们整个一生中在每个年龄都符合当年的死亡率数据。我们每年对这个虚拟世代构建的表格被称为精算表。新生儿预期寿命正是以该表为基础进行计算的。

该方法基于以下假设：死亡的情形会保持眼下的样子不变。哪怕我们知道根本不是这样！尽管如此，相比使用已死去世代的死亡率表，精算表还是会为未来的现实描绘一幅更可能发生的图景。与其拥有虚幻的精确，不如追求合理的近似来得更有意义。然而，还是要牢牢记住前提假设。

除了可以用于预测人口变化外，这些预测结果还能帮助保险业者确定人寿保险的合同。保险的基本原理是评估一个处在某年龄段的人能活到多少岁。举个例子，如果我们使用1850 年出生世代的死亡率表，一个 40 岁的人活到 47 岁的概率是 49276（表格上 47 岁的人的数量）除以 53497（40 岁的人的数量），即大约 92%。那么他在期间不幸死去的概率大约为 8%。

这些数字也可用于计算年金。想象一下，表格上的 53497个 40 岁人士完全符合表格上的死亡率，每个人有 1 欧元年金。保险公司就必须给下一年的幸存者支付 52912 欧元，再后来是52320 欧元……直到最后一年的 1 欧元。于是我们算得 53497人的金额是 1486859 欧元，所以每个人要交 28 欧元左右，才能不亏本。

保险公司会进行更精确，也更冒险的计算，将它要支付的金额折算成现在的价值。举个例子，如果它将钱款进行年收益率为 5% 的投资，如果一年后要支付 1 欧元年金，那么现在就要交 1/1.05=0.952 欧元。同样，两年后支付的年金，要求现在交 $1/1.05^2=0.907$，以此类推。最后算得每人要交 14 欧元预付金。但是预付金的金额随金融利率而变化。比如利率为 2% 的情况下，就需要 21 欧元预付金……

当然，时至如今，我们利用现代表格进行这些计算，由法则来支配选择，但是原理仍然是一致的。17 世纪起就有人在理论层面上理解了这个问题。然而，当时有不少提供年金服务的机构，如 1689 年的巴黎主宫医院和绝症医院都破产了。对经过公证的合同进行分析后显示，破产并非由于利率计算错误，而是预付金的现金流出现问题。根源还是在于难以用不动产牟利。

▼ 一切都要从航海说起

第一批提供非人寿保险（用承保人的术语来说，也称为火灾、意外和多种风险保险）的公司也都破产了，但破产的原因却不相同，随后的数学计算纠正了它们犯下的错误。此类保险合同最早可以追溯到 18 世纪。狄德罗的《百科全书》里尼古拉·德·孔多塞侯爵（Nicolas de Condorcet，1743—1749）

编写的词条里有所体现，达朗贝尔（d'Alembert）名为"保险（航海）"的词条里也可以看到。1720 年南海泡沫经济危机中多家保险公司破产，孔多塞就开始思考如何确定保险费金额，才能让承保人的破产概率低到可以忽略不计。于是他展开研究，已知每艘船都有沉没的概率 p，那么在 n 艘船里，少于 m 艘船沉没的概率是多少。

理论上，计算并不困难。我们先来考虑一艘船失事概率为 5% 的情况。在 10 艘船中，所有船只都安然无恙的概率是 0.95^{10}，即大约 60%。某一艘船遇难，而其他船只都平安归来的概率是 $0.95^9 \times 0.05$。所以，10 艘船里有 1 艘非特定船只沉没的概率是 $10 \times 0.95^9 \times 0.05$，即 31% 左右。两艘特定船只沉没的概率为 $0.95^8 \times 0.05^2$。

在 10 艘船的集合里，将船只两两组合得到 45 组，其中两艘非指定船只失事的概率为 $45 \times 0.95^8 \times 0.05^2$，即大约 7.5%。超过两艘船失事的概率就等于 0.95^{10}，$10 \times 0.95^9 \times 0.05 + 45 \times 0.95^8 \times 0.05^2$，即 98.8%。承保人就需要估算承担的风险。如果他能接受 1.2% 的破产风险，那就需要储备 20% 的损失资金，而非经过简单计算后得到的 5%，当然前提是投保人数量足够多，可以应用大数定律。

▼ 二项式定理

我们又看到了让雅克·伯努利（Jacques Bernoulli，1654—1705）引入二项式法则的计算：二项式法则代表在一系列 n 次试验得到 k 次成功的概率，其中每次试验的成功概率为 p。它从与牛顿二项式 $(1+x)^n$ 的展开形式 $1+nx+[n(n-1)/2]\,x^2+\cdots\cdots$ 相符的系数出发进行计算。在总和里系数 x 的 k 次方被称为从 n 个不同元素中取出 k 个元素的组合，记作 C_n^k。可以利用帕斯卡三角形[1]（虽然被称为帕斯卡三角形，但公元 10 世纪时就已被波斯数学家掌握，牛顿二项式也是如此）逐步计算出来，其中加灰底的数字是加白底的两数字之和。

	1	x	x^2	x^3	x^4	x^5	...
$1+x$	1	1					
$(1+x)^2$	1	2	1				
$(1+x)^3$	1	③	③	1			
$(1+x)^4$	1	4	⑥	4	1		
$(1+x)^5$	1	5	10	10	5	1	
...	...						

帕斯卡三角形

---

[1] 又称杨辉三角形，杨辉在 1261 年所著《详解九章算法》中提出。——编者注

左栏的二项式展开可以在相应行里看到。这样，我们在第三行看到 $(1 + x)3 = 1 + 3x + 3x2 + x3$。二项式定理告诉我们，进行一系列试验，其中每次试验成功的概率为 p，则 n 次试验得到 k 次成功的概率等于

$$\binom{n}{k} p^k (1-p)^{n-k}$$

n 艘船里有 m 艘船沉没的概率就等于这些 0 到 m 的项的总和，由此产生一个相当棘手的方程。举个例子，如果我们希望破产概率低于 1%，那么这个总和就应该高于 99%。该问题的解法来自皮埃尔－西蒙·拉普拉斯（Pierre-Simon de Laplace，1749—1827）及其近似法。我们不深入介绍这个技术难点，它只表示我们能用一个函数来接近前一个和，该函数被定义为在高斯曲线 $y = \dfrac{e^{-x^2/2}}{\sqrt{2\pi}}$ 下的面积，范围在无穷小和另一个取决于 n、m 和 p 的值 $\dfrac{m-np}{\sqrt{np(1-p)}}$ 之间。这个公式似乎让问题变得更复杂了。然而，虽然函数无法精确计算，它仍然可以用一部分作图一部分制表的方式来表现，在当时就由克里斯蒂安·克兰普（Chrétien Kramp，1760—1826）完成了。

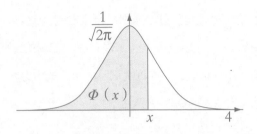

Φ（x）等于高斯曲线下灰色部分的面积

　　孔多塞为航海保险进行的计算可以应用于所有非人寿保险，比如火灾险，或者我们如今的车险。这一部分的统计基础在 19 世纪初就成形了。如今保险计算方法越来越复杂，因为牵涉到无赔款优待，以及倾向于将保险个性化的大数据。这就对保险费金额如何确定提出了一个复杂的问题，因为它通常而言必须依托于大数定律，而大数定律与个性化根本是背道而驰的。

当媒体唯数字马首是瞻

媒体已经被它们攻陷了。政治人物也对它们奉若神明。在电视辩论时，大家把它们当作武器丢到对方脸上。那么到底是什么让记者和政客陷入疯狂？答案是数字！数字对民主生活来说极为重要，哪里都可以看到它们的身影，它们也被滥用操纵，不信你看几乎所有报纸上都开设了类似"解密"或"解毒"的全新栏目，旨在矫正被扭曲的数字，它们可以被视为与精确无缘的、落入经典统计学圈套的数字评论小合集。

"在法国，15万人携带艾滋病病毒，其中有2万人并不知道自己感染了。"2015年12月新闻争相这样报道。这些奇怪的数字没有附带任何解释，却足以震惊任何一个理智的人。

我们是怎么知道 2 万个病人对自己得病毫不知情？这样的估计是如何做出的？事实上，信息是正确的，但是并不完整。

为做出这样的估计，就要进行重合核对。每一年，在法国都会诊断出新增的艾滋病病例，假设 1500 例左右。无疑有一些病人知道自己的艾滋病血清检验呈阳性，而其他人则不知道。大体来说，计算就是按照这个思路展开的。大约 200 人不知道他们已经感染了，在诊断时才发现。所以就可以估算出，在已知的 1300 名血清检验阳性人员中，有 200 人此前并不知情。那么，在 13 万已知病例中，有 2 万人得病而不自知。

当然，模型要比上述介绍更精细复杂，因为有些人群对艾滋病的危险比其他人更敏感，更积极主动地参加检测。即使只是近似数，这些数字也是准确的，可惜的是，没有只言片语提及数据是如何得到的，就让我们对数字的可靠性产生怀疑。（然而这个数字是至关重要的；在没有疫苗的情况下，要想阻止流行病传播和治愈病人的理想办法就是减少不知情者的数量。似乎情况正是如此：2011 年，这个比例高达 2015 年的 2 倍。）

▼ 高速公路上的步行者

几年前，一个令人不安、但是与事实略有出入的数字在交通电台里反复播放。偏差在统计中非常常见，有时候是故意为之，有时候是欠缺准备的数学家疏忽所致。电台里的信息如下："根据警方消息，高速公路上的行人只有 20 分钟的预期寿命。"这个预期寿命比参加激战的士兵还短，后者为 30 分钟。

根据预期寿命的定义，它指的是在同样情境下的人的平均生命长度。我们上文已经介绍过如何从死亡率表出发来计算预期寿命：一个世代的预期寿命是同一年出生的人的平均死亡年龄。正如我们看到的，可以用死亡率表来进行计算。但是高速公路上的步行者又该怎么计算呢？

我们都清楚，许多步行者并不会死，哪怕其中一个人幸存下来活到很大的年纪，也能影响结果。所以，所谓的 20 分钟根本不可信！深入调查之后，我们发现在计算时只考虑了在高速公路上死亡的人：在高速公路上死亡的步行者平均是在开始行走后 20 分钟死去的。换句话说，研究的样本就是带偏差的！它并不包括高速公路上所有的步行者，而只是死去的那些。对战死疆场的士兵也是如此。为了警示驾车者，看来警察故意歪曲了统计数字。操控本来是出于好意，但也让这类数字失去了信誉。警察也明白了这点，所以现在换做公布在高速公路上死去的步行者的数量。

▼ 围绕流浪汉的争议

好心办坏事的可不仅仅是警察，有些机构也犯下同样的错误。"街头逝者"是一个呼吁大家关注在街头死去的流浪汉的组织，它进行了一项分析，按年龄段研究 2007 年 5 月到 11 月之间在街头发生的死亡事件。在 99 起死亡事件中，仅有 6 个超过 65 岁，19 个不到 46 岁，22 个在 46 到 50 岁之间，22 个在 56 到 65 之间。更细致的计算告诉我们，死者的平均死亡年龄是 50 岁。这些数字说明什么？其实什么也说明不了。用这种计算方法，如果有个"妇产科医院逝者"这样的组织，也能证明在那里人的平均死亡年龄非常小……

如果我们想要用数字来证明在街上死去的人都是早逝，就应该分年龄段计算流浪汉的死亡率。那样计算出来的结果更可靠。上面介绍的方法带有偏差。无疑，这两种偏差都是出于善意，也显示了我们所生活的社会对数学有多么无知。然而，效果却适得其反，为它们所支持的事业抹了黑。

▼ 核事故

《自由报》在一篇题为"在统计学上不可避免的核事故"的报道中也犯了同样的错误。文章里的一句话引来了评论的注意："在对近三十年来发生的重大事故进行研究后，我们发现重大事故的发生概率在法国达到 50%，在欧盟则超过 100%。"

概率超过 100%，老天爷啊，这怎么可能？如果仔细分析一下这篇文章，就会知道这个不太对劲的概率来自一个更不对劲的计算。世界上总共有 450 个已经运行 30 年以上的核反应堆。在此期间，发生过 4 起重大事故（切尔诺贝利的核反应堆和福岛的三个反应堆）。我们可以推断出，每个反应堆每年发生事故的概率等于 $\frac{4}{450} \times 30$，即 0.0003。这个计算方法也是有争议的，因为它将福岛事故算作三起，对不同类型的设施也没有做任何区分。但是姑且不论吧，因为在此之后计算就真的脱离现实了。

按照报道作者的说法，对 30 年里 58 个在法国的反应堆来说，概率就变成了 58×30×0.0003，即 52%；对欧洲的 143 个反应堆来说，概率等于 129%，作者谦虚地说成"超过 100%"。照这个推理，如果抛两次硬币正反面，就有 100% 的可能至少抛到一次反面……因为每抛一次，抛到反面的概率是 50%。机灵鬼们，财富密码来了！事实上，概率不会相加，但是会相乘。概率是 75%，而不是 100%。赌客们，对不住了！

如果我们沿用报道作者的前提，正确的计算方法是考虑一个反应堆一年内不发生事故的概率，即 1 减去 0.0003，即 0.9997。143 个欧盟国家的反应堆在 30 年里不发生事故的

概率就等于 $0.9997^{143 \times 30}$，即 27%。发生事故的风险就等于 73%……虽然也很高，但和 129% 仍然不能相提并论。如果我们按照正常的思路，将福岛事故看作一次重大事故，而不是三次，0.0003 就被 0.00015 替代：这样的计算就得出 47% 的事故概率……这个数值也不容小觑，但是更令人信服。那么为什么要给出匪夷所思的数字呢？是出于无知还是轻视读者、蔑视数字呢？

▼ 合取谬误

还有一些错误更难以察觉，比如 1973 年美国伯克利大学遭到起诉，被指控歧视女性。事实似乎昭然若揭。在候选人中，只有 35% 的女性被录取，而被录取的男性有 44%。我们将研究的焦点集中在该校最重要的六个系，我们在此记作 A 到 F。

科系	男生	录取率	女生	录取率
A	825	62 %	108	82 %
B	560	63 %	25	68 %
C	325	37 %	593	34 %
D	417	33 %	375	35 %
E	191	28 %	393	24 %
F	272	6 %	341	7 %

详细录取情况

该表格没有显示出任何性别歧视的迹象。相反，女性候选人在主要科系（A）的录取率还明显高于男性。当我们仔细看这些科系的候选人数量时，就能明白个中缘由了。女性候选人似乎倾向于集中申请竞争白热化的科系。她们被这些科系录取的比率比男性稍微低一点点。在其他科系里，她们的录取率比男性高。如果我们计算总体平均值，这些竞争激烈的科系分量最重，因为女性都蜂拥而至。统计学家爱德华·辛普森（Edward Simpson）研究了这一悖论。它也反映在其他许多例子中。

▼ 令人诧异的本福特定律

让我们讲一个媒体使用数字的趣闻，来结束本章吧：有一个奇特的定律认为，实际生活里的数字总是从 1 开始。具体而言，以某个数字为首位的数字的出现概率符合以下表格：

数字	1	2	3	4	5	6	7	8	9
频率（%）	30	18	12	10	8	7	6	5	4

西蒙·纽康（Simon Newcomb）于 1881 年首次在对数表里发现了这一现象。随后就被遗忘，直到弗兰克·本福特在 1938 年观察河流长度、股市行情和城市人口时再次发现了

它！如今我们称之为本福特定律。该定律在数学里也能找到许多反例，如质数表或经典的伪随机数表。不过，阶乘表倒是验证了本福特定律。

在"自然"序列中，人在出生时的重量表（以克为单位）并不符合本福特定律，还有许多同类型的序列也在唱反调。会计数据似乎遵循本福特定律，以至于有些人用它来监测偷税漏税。然而，它并不能构成证明欺诈的证据。为此，至少要将它变成数学定理。这样一条定理应该归入概率论，并且承认关于所考虑的数字序列的假设，得出一个结论。所以真正的问题是：在哪些假设下，一个数字序列能印证本福特定律？

举个例子，在区间 [1，9] 里根据均匀概率定律分布的数字绝不会印证本福特定律。相反，前面的有效数字均匀分布，所以每个数字的出现概率是 11.1%。事实上，本福特定律针对的是那些并不符合均匀分布的数字序列，是那些数量级的混合，有些值是个位，有些则是百位，还有百万位，等等。

假设不同的数量级出现的概率相等，比如一个整数序列使得其中一项也可能出现在区间 [1，9]，[10，99]，[100，999]，……，$[10^5, 10^6-1]$ 之一。在这种情况下，每个数 x 在 1 到 10^6-1 之间出现的概率并不均匀，但与 x 成反比。这样就能计算一个数字的第一个有效数字为 1 的概率。我们得到大

约为 $\log 2$，等于 0.301，与之前预告的 30% 非常接近了。

一般而言，如果增加可能的数量级的数量，一个数字的第一个有效数字为 c 的概率等于 $\lg\left(1+\dfrac{1}{c}\right)$，就与开头给出的表格完全相符。本福特定律能在某些假设下成立，如同所有数学定理一样。要应用到该背景之外则会冒很大的风险。至于那些包括不同数量级的会计表（会计表通常都是如此），能大概地印证该定律，其他会计表则不能。要用它来监测欺诈，恐怕还是太草率了……

民意测验和民主选举的一锅乱炖

每次选举它都饱受诟病。人们指责它鼠目寸光，因为它没法预见这个或那个政治势力的崛起。通常，民意测验就是众矢之的。我们关心的主要是民意测验，或者说概率如何改变选举的结果。但是民主的其他部分也直接受到概率论数学的影响，尤其是选举系统和在法院审判庭激起回响的统计数据。民意测验与其他概率论数字能在多大程度上代表社会现实？它们真的能为公共辩论带来启示吗？

要想评估民意测验的准确性，就必须追根究底，探寻其基础。从外部来看，民意测验基于以下观点：一千个人能代表所有人口。这就是为什么媒体会使用典型样本这个说法。典型样本是如何选择的？它又有何代表性？问题很复杂，让我们从一个例子入手。想象一下在一个重要的国家或城市，40%的选民决定投票给阿比盖尔，而其他人投给贝蕾妮斯。我们随便挑一个人。他无法正确代表整个城市的投票情况：要么他投给阿比盖尔（40% 的概率），要么他投给贝蕾妮斯（60%的概率）。

如果我们随便挑两个人，就会出现三种可能性：要么两个人都投给阿比盖尔，要么两个人都投给贝蕾妮斯，要么一个投给阿比盖尔，一个投给贝蕾妮斯。三种可能性中的每一种都有发生的概率。为了让阿比盖尔被投两次，我们就必须先找出一个投票给阿比盖尔的选民：找到他的概率为 40%。随后我们还要找出另一个。将两个比率相乘，概率就变成了 16%。同样，抽中两个都投给贝蕾妮斯的选民的概率是 36%。所以找到各投一边的选民的概率等于 48%。

▼ 好样本

两个随机抽选的选民并不能代表整个城市，但是起码比只挑一个选民强了不少。如果增加到 10 个选民，那么也能得到相似的推论。现在挑中投票给阿比盖尔的 10 个选民的概率就很低了，因为等于 0.4^{10}，相当于 0.01%。计算更费时费力，但与前文所述在本质上是一样的。最终，我们得到一张表格，列举出随机抽选的 10 个人中有 0、1、2 个及以上数量的人投给阿比盖尔的概率。

投票给阿比盖尔的选民	0	1	2	3	4	5	6	7	8	9	10
概率（%）	0.6	4	12	21	25	20	11	4	1	0.1	0.01

这个数字还远远谈不上具有代表性，但是在 25% 的情况下，这座城市的确可以被随机抽取的 10 个选民所代表！让我们增加样本数量，随机抽取 100 个选民，并列出表格。可以看到，包括少于 32 或多余 48 个投票给阿比盖尔的选民的整体概率低于 10%。换句话说，如果我们在整座城市的所有选民里随机抽取 100 个人，让他们投票，那么阿比盖尔有 90% 的概率在 32% 到 48% 之间获胜。

如果随机选择 1000 个选民，那么计算仍然继续进行。阿比盖尔获胜的结果有 95% 的概率在 37% 到 43% 之间。概率论民意测验的数学原则就在这里。我们在 1000 个人中抽取一个随机样本，让他投票。结果与一次真实投票相符（误差在 3% 左右）的概率高于 95%。这个概率论方法主要被用于公共机构，多用于民意调查，而非政治目的。理论上，这是最理想的方法，但是很难实施，并且费用高昂。

▼ 民意测验的风险

概率论民意测验的危险在于，选择随机样本可能会出错，用统计学家的术语来说，就是样本选择偏差。设想一下，有一个机构为了降低成本，决定像现在流行的那样，在网上开展民意调查。偏差显而易见：它只调查了那些能上网的人，虽然这些人是随机选择的。对于使用电话或其他方式调查的样本也是如此。的确存在随机选择电话号码的方法，但是有些人的电话很难接通，或者机主拒绝回答。无法单单用其他随机挑选的人来代替他们，因为一直不在家（比如上夜班）或拒绝回答问题并不是所有人的共性：这种态度可能会影响他在政治事务方面的决定。

这样一来，有些机构就将这种拒绝的态度理解为可能的政治选择，根据以往的结果，将这些"弃权票"平均分摊给候选人。同样，如果民意测验通常将 10% 的票数短缺归于某个党派，民意调查机构也会如法炮制。这类方法用多了，难免会出岔子。拒绝回答并不一定意味着要掩饰自己不敢投票给某位候选人，而且即使是掩饰，每个人的初衷可能各不相同。无论如何，我们都已经脱离了科学的疆域。

概率论方法的难处在于，即使统计学规则要求我们随机选择样本，但是法国私立机构如今常常修正这种偶然，而是让总人口中的每一个部分都占有一定比例。为什么呢？主要原因我们已经说了，无论调查采用何种选择方法，样本总是有偏差的。如果你在网上展开调查，就排除了那些不上网的人；如果你走上街头展开调查，就排除了那些宅在家不出门的人；如果你用固定电话展开调查，就排除了那些没有固话的人，诸如此类。

被选中的样本会带有与所针对人群相同的特点，比如选民。一般来说，这些特点是性别、年龄、社会职业、所属地区。比如，每份样本包括 46% 的男人和 54% 的女人，如同总人口的性别分布一样。民意调查机构声称，用概率论方法得到的结果与真实结果相符，然而只有实际操作才能见分晓。该方法全凭经验，这就能解释为什么有时候会出现严重的错误。

美国的民意调查机构自从 1948 年就放弃了该方法。当时正值美国总统大选，民意测验结果显示哈利·杜鲁门绝不可能获胜，导致有些报纸竟然自顾自宣布他的对手托马斯·杜威当选总统，而事实上杜鲁门以高票当选，使得民意调查的颜面尽失。话说回来，概率论方法有一个前提，与数学完全无关：没有任何依据可以保证受访者会如实回答问题，而不试图扭曲调查结果。除非能直接深入受访者的灵魂，否则民意调查永远无法跻身精确科学的行列。

▼ 选举制度的不公正

民主也并非十全十美！数十年来政治阶层一直存在一个迷思：在法国实行的投票选举制度能让完美反映民众期望的统治者当上总舵手。只有反对派才会因为在议会里的代表席位不理想，竭力揭露这一民主幻象，大声疾呼应该在参议员和众议员选举中引入比例代表制。事实上，完美的制度根本不存在。

让我们来看看证明：有三位候选人，分别是阿比盖尔、贝蕾妮斯和卡罗琳娜。如何研究选举系统对结果的影响？可以推知，存在六种排位方法，每个选民心目中都有自己的排名。想象一下，选择六个选项中的一个的选民人数如下表所列：

阿比盖尔、贝蕾妮斯、卡罗琳娜	1000；
阿比盖尔、卡罗琳娜、贝蕾妮斯	23000；
贝蕾妮斯、阿比盖尔、卡罗琳娜	500；
贝蕾妮斯、卡罗琳娜、阿比盖尔	19000；
卡罗琳娜、阿比盖尔、贝蕾妮斯	2000；
卡罗琳娜、贝蕾妮斯、阿比盖尔	16000

接下来，我假设所有人都坚持自己的初衷，不改变主意。虽然这个假设看上去太夸张，但此举的目的只是为了解释一个奇特的现象。让我们用英国的模式来看看这些偏好对选举会有何种影响，英国采用的是单名投票，一轮定胜负。根据上

表，每位候选人的得票数很容易计算：阿比盖尔以 24000 票当选，因为贝蕾妮斯和卡罗琳娜分别只有 19500 和 18000 票。

换做法国的总统大选模式来看看：两轮选举，第一轮中的第三名将被淘汰，第二轮中阿比盖尔与贝蕾妮斯对战。每位选民将在这两位之中选出一位来。了不得了！在六组选民里，喜欢贝蕾妮斯胜过阿比盖尔的占了大多数。更确切来说，在第一张表格的第三、第四、第六行可以看到，总数为 35500。

如果采用这种选举方式，贝蕾妮斯会胜出。这两种选举制度都是民主制度，却得出了不同的结果！我们由此可以推断出，选举制度能决定结果，虽然也许有点言过其实，但它的的确确能对结果产生影响。这个悖论最早在 1785 年就由孔多塞指出了。

▼ 比例代表制：也不是万应灵丹

相比无法代表真实力量对比的一轮或两轮多数人决定制，比例代表制试图寻找突破，还原现实。在比例代表制里，假设众议员的席位有 100 个，有三个党派进行争夺，我们还是沿用阿比盖尔、贝蕾妮斯和卡罗琳娜这三个名字来举例。原则是众议员的人数与选民人数成正比……可这在数学上一般是无法做到的！

比例代表制选举意味着，如果选民人数等于 85518，那么

85518个选民就有一个众议员。照这样说，如果阿比盖尔有38846个选民，那么就是$\frac{38846}{85518} \times 100$，即45个众议员。由于我们必须取整才能得到这个数字，就表示阿比盖尔还有票数没有用到，具体而言是$38846 - 0.45 \times 85518$，即36290票。

每个党派都可以进行类似的计算，但因为要取整，所以并不是所有的众议员席位都被分配掉了。剩下的席位怎么办呢？有两个方法。第一个方法由亚历山大·汉密尔顿（Alexander Hamilton，1757—1804）提出，又称为最大余额法，因为它按每份名单余额的大小顺序分配剩余议席。另一个常用算法是由美国的托马斯·杰弗逊（Thomas Jefferson，1743—1826）和比利时的维克托·洪德（Victor d'Hondt，1841—1901）提出的，将多余的席位分配给每席所得选票平均数值最高的党派。请看例子：

		席位	剩余	多余 H	H	比率	多余 J	J
阿比盖尔	38 846	45	362	1	46	863	0	45
贝蕾妮斯	31 912	37	270	0	37	862	0	37
卡罗琳娜	14 760	17	221	0	17	868	1	18

如果按照汉密尔顿算法，三个党派分别获得46、37和17个席位。如果按照杰弗逊的算法，它们分别获得45、37和18个席位。虽然两种结果差别很小，但仍然存在。最主要的麻

烦还不在这里。这两种方法都鼓励人为分裂，以获取更多席位。比如，如果贝蕾妮斯党分为两个党派，并且在两者中分配选票，就能像下面的例子那样获得一个席位：

无论哪种情况下，贝蕾妮斯分裂为贝蕾党和妮斯党，都能从 37 个席位上升到 38 个席位。按照汉密尔顿算法，占优势的阿比盖尔会吃亏；按照杰弗逊算法，最小的党派卡罗琳娜就得不到好处。这个矛盾的结果能部分解释在使用比例代表制的国家里为什么小党派会层出不穷。

▼　审判庭里的错误

我们在本书中不止一次强调，概率在使用中陷阱重重，布满暗礁，如果你不够小心敏锐的话。而当错误是发生在司法范畴中，攸关被告人的性命时，那可就不只是尴尬难堪了，它更是犯罪……1999 年，一位年轻女性莎丽·克拉克（Sally Clark）被判在一年前后的时间里谋杀了自己的两个儿子。在审讯中，克拉克声称自己无辜，辩称她的两个孩子都是因婴儿猝死综合征而去世。检控方则提出了一个所谓的概率证据，证明她在说谎。

检控方呈上了一个儿科医生的报告作为证据。那名儿科医生的大名值得在此一提：罗伊·梅多（Roy Meadow）。他认为，同一对父母所生的两个孩子都死于婴儿猝死综合征的概率等于 7300 万分之一。这个数字从何而来呢？梅多是这样计算的：生活在家境优渥、不吸烟的家庭（如莎丽·克拉克的情况）里的新生儿，其猝死风险为 1/8543。

然而，儿科医生的计算大错特错。第一个错误是他只保留了克拉克夫妇身上会降低风险的特点：家境优渥，不吸烟；却忽略了一个会增加风险的因素：两个孩子都是男婴，风险会翻倍。其次，如果第一个孩子因婴儿猝死综合征死亡，那么第二个孩子因此死亡的风险会高十倍。

换句话说，正确的计算应该从国家平均数出发，即 1/1300，然后再乘以 1/130。这样计算得出的风险为 1/169000，两个结果大不相同。这位儿科医生不应该不知情，因为每年在英国都会有一到两例同一对父母所生的两名新生儿猝死！司法系统的根本错误也让他的错误层层加码：就像应该让医生来进行医疗诊断一样，也应该让统计学专家来计算概率。哪怕是最普通的统计学家都能指出儿科医生犯下的重大错误。

▼ 无辜的概率？

同一对家境优渥、不吸烟的父母生下的两个孩子都因婴儿猝死综合征死亡的风险是 7300 万分之一，让人想到买彩票的人中大奖的概率，约为 1400 万分之一。就拿最近一个获奖者来说吧，他中奖的概率是 1400 万分之一，那么我们可以推断他做手脚了吗？在事后这样分析，根本没有任何意义。如果在公布奖项前一周，你就能说出未来的福星是哪位，那你才一定是作弊了。莎丽·克拉克的案例也是如此，因为概率计算都是逆推而得。

另外，检察官和评审员似乎也会将儿科医生的计算理解为：被告人无罪的概率只有 7300 万分之一。如果要得出这样的结论，必须比较所有的概率。在英国，一个女人更有可能去杀害自己的孩子，还是孩子更有可能因婴儿猝死综合征而死去？在每年出生的 70 万个婴儿中，只有 30 个死于他杀，即 1/23000，相对于因婴儿猝死综合征死亡的 1/1300。根据儿科医生的逻辑，双重谋杀的概率就是 5 亿 2900 万分之一，而我们看到，双重新生儿猝死的概率为 1/169000。

这个简单的计算告诉我们，在该起事件中，统计数据在处理利用上可以陷入多大的谬误。2003 年，莎丽·克拉克在上诉后被宣告无罪，但是她一直没有走出阴影，于 2007 年去世。还有不少司法错误是由统计数据的不当使用引起的。没错，民主需要概率来运行，但不能不计代价。

金融数学有罪吗？

2008 年的金融危机令批评的矛头都指向了金融数学：它就是罪魁祸首。最激烈的抨击无疑来自 2008 年 11 月 2 日法国《世界报》上刊登的米歇尔·罗卡尔（Michel Rocard）的文章："真相就是，银行借助债权金融化，将腐烂的债权隐藏起来，这和偷窃没有区别。小心谨慎地选择措辞是不合时宜的。正确地叫出事物的名字才能施加相应的处罚。我们对金融业和金融学这类知识产业太毕恭毕敬了。数学系的教授都在教自己的学生如何冒险投机。在不知不觉之中，他们的所作所为对全人类犯下了罪行。"

我不想分析这到底是不是米歇尔·罗卡尔所说的对全人

类犯下的罪行。政治家都习惯夸大其词，这样才能广为传播，就像调大音量就能让更多人听到一样。米歇尔·罗卡尔提到，金融数学确实发明了新产品、衍生品。可衍生品的概念并不新鲜，在古代就有了！

最早的痕迹出现在亚里士多德《政治学》第一卷：

"我在此援引米利都的泰勒斯所言：这是一种有利可图的投机行为，人们尤其归功于他，也许因为敬慕他的聪明才智，但其实所有人都能做到。泰勒斯天文学知识广博，早在冬天就预测来年的橄榄将大丰收；为了回应哲学无用致其贫困的指责，他拿出仅有的一点点钱作为定金租下米利都和希俄斯的所有压榨机；由于没有竞价，他以极低的价格租得。但当时机来临，压榨机突然变得非常抢手，他就能坐地起价，获得可观的利润；泰勒斯通过这次精明的投机证明哲学家只要愿意，也能轻轻松松发财致富，只不过这不是他们的志向所在罢了。"

到底是真事还是传说？第一个为大众所知的投机者真的是一个数学家吗？我们不得而知。现代金融衍生品比泰勒斯的投机机制复杂得多，但原理仍然没有变。让我们想象一位古希腊数学家想要提前出售他预付定金的压榨机，公平的价格应该是多少呢？迈伦·斯科尔斯（Myron Scholes，1941—　）和费希尔·布莱克（Fischer Black，1938—1995）提出一个模型，为估值提供了一个计算公式。这个公式动用到概率，符合我们上文看到的对预期结果的计算。

▼ 46 亿的损失

这个计算依赖相当多的假设……在实际中很难验证。举个例子，假设市场稳定，具有流动性，无套利，而在经济动荡时期所有这些假设都化为泡影。事实上，迈伦·斯科尔斯的投资基金在 2005 年损失 46 亿美元，原因是他太过信任自己的模型，这说明我们对这些数学模型应该保持戒心，尤其是要小心那些应用数学模型的人，无论他们是盲目的、冒进的，还是故意要诈。

美国的次级贷款就是一种理论上注定会失败的金融操作。即使真的可以通过共同承担来降低整体债权风险，尤其在相关风险并不互相关联的情况下，我们也无法将可疑的债权整体（更何况还是相互关联的）转化成一个正常水平的风险。尤其是，次贷危机的一个根源是在几个月内，这些不动产借贷的可变利率大幅提高。它们的损失率（相对于投保人群而言的损失率）也同时增加，债权分担却没有缓解这种现象。

▼ 持续波动？

还有没有其他例子证明金融模型的应用出现了偏差？让我们来看看计算风险价值（Value at Risk）中对波动性的衡量，或者证券所暴露的金融风险。长时间以来，所有模型都是建立在从过去观察到的统计学变化出发的参数估计上，假设波动稳定。2008 年爆发的金融危机对这类模型打了一个大大的问号，而是更青睐其他考虑到极端情况或"压力情境"的模型，后者的特点是参数的变化缺乏连续性。

让我们回到米歇尔·罗卡尔的指控，错不在教这些模型的数学教授身上，因为这些模型附带非常具体的假设，在应用前就应该确认无误。尤其是，只有当风险互不关联时，在偶然情况下一部分才能补偿另一部分，分担风险才有意义。

与其指责数学教授，不如提醒自己每条定理都有其假设条件，在使用前应该一再确认，而不是指责一个学生将勾股定理用到了非直角三角形上……或者将斯科尔斯的公式用在了应用条件所允许的范围之外。绝不应该让数学家为某些数学使用者的不负责任和不诚信来背锅！

数字化，是危机来临还是增加就业？

　　互联网是数学应用的广阔疆域。数字革命令以 Gafa（指谷歌、苹果、脸书和亚马逊）为首的美国公司赚得盆满钵满。这些公司的财富并不主要来自它们售卖的产品，而是它们通过网络收集的客户个人数据。为了利用这一大数据，科技巨头和小一些的公司争相聘请数学家来为自己效力。

　　随着万物互联的兴起，这一趋势也愈演愈烈。联网的物件越来越多，引来信息巨浪，以指数形式增长。这些原始数据提供了一些有趣的信息，如果我们懂得如何利用与之相适应的算法加以利用的话。在医学上，这些数据能优化病人的治疗方案，改善他们的生活质量，甚至拯救他们的生命。

但是开发利用这些巨型数据库并不是对互联网感兴趣的数学系学生唯一的就业方向。日益增长的信息安全需求也创造出许多工作岗位。因为我们不停在为互联网的缺陷买单。与电话网络相反，互联网的特点就是不会提前确定传送的途径，而是通过最不饱和的途径来完成传送。该系统最主要的不便就是完全将安全置之度外，这就解释了为什么钻空子偷窃其他人的邮件，或更糟糕的，偷取他人银行账户钱财的罪行数量居高不下。

路易·普赞，互联网真正的创始人

与大众以为的不同，美国并不是网络诞生的摇篮。事实上，作为互联网基础的信息包是在 20 世纪 70 年代初由法国人路易·普赞（Louis Pouzin, 1931—　）发明的。法国电信管理层选择鼓励 Minitel 的诞生，路易·普赞的计划搁浅，后来美国人慧眼识珠，将它变成了著名的互联网协议（IP）。信息包是一种将数据切分成用于在不可靠传输途径上使用的数据包的系统。普赞于 1950 年毕业于巴黎综合理工学院，是当时法国最早关注新生的信息学的人。

▼ 保障安全的随机密钥

所以，数据加密是保障互联网安全的一个重要方面。现代密码的基本原则由奥古斯特·柯克霍夫（Auguste Kerckhoffs，1835—1903）第一次提出：加密机制的安全性不依赖于算法的保密性，而是取决于定期更换的密钥。香农将柯克霍夫原则总结为："敌人知道系统。"

自文艺复兴时期以来，布莱兹·德·维基内尔（Blaise de Vigenere，1523—1596）就构想出一个与该原则相符的系统，虽然在当时并未引起重视。算法很简单，但手动应用过程很烦琐，即将字母根据密钥移位。比如密钥 ABC 对应着 A 移动 0、B 移动 1、C 移动 2 等等。这样一来，mathematiques 加密为 mbvhfoaukqvgs。所幸，一般而言密钥比这更复杂，但原理是一样的。当密钥很长，而且随机选择时，就增加了破译的难度。最理想的是密钥与信息一样长，而且只使用一次。

在过去，创建随机密钥只能靠丢硬币看正反面，或者依据基本上随机的物理现象（如今都通过计算机获取），密钥分享是通过外交邮袋或类似的机密装置来完成的。如今，两者都利用量子，如果被间谍监视，那么结果就是毁灭性的。我们说的是量子加密——如今该过程可有效工作——不要与量子计算机混为一谈，后者在眼下还不是量子的。一次性密码本是自 1963 年以来华盛顿与莫斯科之间用于沟通的著名红色电话的密码，也是冷战时期的间谍随身携带的奇怪小本子（见下表）上列出的密码。

一次性密码本的原理很简单。我们先用任意方法（比如 A=01，B=02，等等）将一则信息加密成一串数字，随后将得到的信息与一个同样长度的随机数相加，并且不进位。这样一来，mathematiques 先是变成 13 01 20 08 05 13 01 20 09 17 21 05 19。接着我们加上笔记本上的前 26 个数字：

明文	13012	00805	13012	00917	21051	9
+ 密钥	90689	91275	03682	49475	42947	9
= 密文	03691	91070	16694	49382	63998	8

加密信息为：03691、91070、16691、49382、63998、8。如果我们知道密钥，也就是笔记本上的数字，那么只需将加密信息减去密钥就能解密。这种加密机制很可靠，但取决于密钥的传送方式是否足够安全。它经常在"数字广播"里使用，这些奇怪的电台只播报数字（这些发射短波的电台在很多国家都存在，很可能与间谍活动有关）。

▼ 现代加密法

现如今，互联网上交流的保密性由此类系统保障：密钥是一连串比特，我们称为对称密钥，因为加密和解密用的是同样的密钥。这两个运算以加法速度完成，也就是说只需一眨眼的工夫。密钥的传送由非对称加密来保障，即使知道如何加密，也无法用同样的方法来解密。

这些密码里最著名的就是由罗恩·李维斯特（Ron Rivest）、阿迪·萨莫尔（Adi Shamir）和伦纳德·阿德曼（Leonard Adleman）于 1976 年发明的 RSA 加密，因为对一个极大整数做因数分解极其困难，由此来保证安全性。其加密过程依托取幂，所以非常耗时耗能，所以我们只用它来传送对称密钥（安装 RSA 系统——PGP 加密系统就是如此）。

使用这些加密方法真的能保障互联网的安全吗？如果应用不当的话，并不能如我们所愿。黑客只要有对付短密钥的算法，就有可能用穷举法找到口令。所以，就目前而言，对称密钥只有在长度大于等于 128 比特时才称得上可靠。否则的话，最简单的破解方法就是尝试所有经典的口令。事实上，在网上能找到许多常用口令词典：用户母语里的常用词，比如"家"或"东西"、姓名、"有逻辑的"数字序列如 123456、用户所属领域的专有名词或罕见词等等。为了避免口令被破解，就必须发明出这些列表中没有的词。谨慎起见，也有必要为每个账户和网站创建不同的口令。

▼ 量子算法

如果预防措施都实施到位了，密钥足够大的 RSA 加密在实际应用上可以说是万无一失。那么真的无懈可击了吗？话也不能说得太满……彼得·舒尔（Petor Shor）构想出一种有效的概率论算法，能将数字因子分解。理论上，这个算法能够迅速破解一条被 RSA 加密的信息。但症结在于，该算法只能在一种尚不存在的计算机上运行：量子电脑！然而，可以在一台模拟量子电脑的计算机上测试它的能耐（当然速度不可相提并论）。

一台真正的量子计算机依托量子比特的使用，是大量比特的概率论叠加。理论上，量子比特计算等同于平行计算，只要能在计算时保持这一叠加状态即可。目前，量子计算机并未达到标准，也不确定将来它能投入应用，虽然不少人声称它已经制造出来……并且能用它来破译所有现存的非对称加密密码。如果量子计算机真能得见天日，那么我们就得重新审视对称密钥的传送问题了。

世
间
万
数

▼ 软件中的后门

眼下，虽然我们要做好准备迎接高效的量子计算机的大驾光临，RSA 加密仍然难以破解，如果密钥足够长的话。这样一个加密法令情报部门大伤脑筋，虽然拥有一个安全的沟通方法无论对商业机密还是对国家机密来说都是必不可少的。有一个解决方法，就是让每个人都将密钥在可信赖的第三方存一个备份，后者只会依据司法机关的裁定，把密钥交给权威部门。

根据爱德华·斯诺登（Edward Snowden）所说，美国国家安全局（NSA）更喜欢另一种方法，要求美国的软件供应商创建隐秘的后门，旨在绕过它们的加密算法。这种方法最糟糕的敌人是，如果存在一扇密门能让人神不知鬼不觉地进入一座城堡，那么人人都会发现它和利用它。美国国家安全局这样做，就等于在它监视的所有加密系统里都制造了一个缺陷，黑客为什么不趁机使用呢？

万物互联放大了这些威胁。它们数量庞大，却很少受到保护，所以很容易成为黑客们的目标，简直手到擒来。黑客能组建僵尸网络，所谓僵尸网络，就是控制权被他们掌握、用来干坏事的计算机，比如发送垃圾邮件、网络钓鱼、发起攻击（封锁网站）或用穷举法寻找口令。这听上去像科幻小说里的情节——你能想象你的牙刷或血压计向你发送垃圾邮件吗？——然而，这已经在发生了！据预测，联网物件在 2020 年将超过 200 亿，市场前景广阔……黑客都已经在摩拳擦掌了。

当中世纪的军队进攻一座城堡时，它首先寻找防守最薄弱的地方。同样，我们也能想象一个联网物件是入侵医院信息网络时绝佳的攻击对象。这个策略也应该促使我们反思网络防御：现在通用的城堡及周边防御模型是不是最佳的选择？也许应该更多考虑深度防御，增加入侵检测和进攻对策。

如果说联网物件能作为工具和桥头堡，那么它们包含的数据就早晚会成为黑客觊觎之物。当这天来临的时候，你最私密的生活将暴露于众目睽睽之下，对你健康至关重要的仪器反过来会伤害你，等等。比如，联网药盒会向你的医生发送错误的指示，血压计也是一样。黑客的想象力没有边界，总能找到办法来勒索医院、医生或病患，比如威胁损坏对他们健康必不可少的仪器。还是让我们不要危言耸听，不过的确有必要提高警惕，联网物件让我们面临全新的危险，此时还没有引起足够重视。虽然解决方法并不仅仅来自数学家，但他们一定能助一臂之力。

迈向智能机器的时代?

　　除了信息安全之外,数学还是另一个互联网领域——人工智能——的基石。严格意义上来说,现在谈论智能机器还为时过早。事实上,如果一个机器能执行某些被认为由人类智能驱动的任务,那我们就称之为智能机器。从这个意义上看,确定发送到你邮箱的是合法邮件还是垃圾邮件,判断它是否网络钓鱼攻击,就是一种智能活动。同样,从网络这个大千世界里发现恰当的信息,也需要一定的眼界和分析能力。但是智能与数学有什么关系呢?

▼ 反垃圾邮件过滤器里的数学

反垃圾邮件过滤器是保护我们邮箱软件的卫士。它并不像我们以为的那样，使用普通逻辑方法，而是使用统计学。初始的设想是分析是否出现某些词，比如"伟哥"、"减肥"或"百万"等。从理论上说，这还不足以检测到垃圾邮件，但是很容易设计出一个软件来评估某个词在垃圾邮件中的出现概率。

为此，我们需要收集大量垃圾邮件，计算该词的出现次数。这样就能估算条件概率，更具体来说是在已知邮件为垃圾邮件的情况下，该词 M 出现的概率，计作 $p(M|S)$。同样，我们也可以计算在已知该邮件并非垃圾邮件的情况下 M 出现的概率 $p(M|$ 非 $S)$。当一封邮件进入邮箱时，就得出或者说估算出了这两个概率，软件列出列表 C 里的词。将每个词在垃圾邮件里出现的概率相乘，就得到在已知该邮件为垃圾邮件的情况下 C 的出现概率，计作 $p(C|S)$。

当然，引起我们兴趣的并非这一概率，而是 $p(S|C)$，即已知包含这些词的列表为 C，该邮件是垃圾邮件的概率 $p(S|C)$。惊人的是，这两个概率通过托马斯·贝叶斯（Thomas Bayes，1702—1761）的一条定理相关联。举个例子，如果前文所述的计算得出 $p(C)=50\%$，$p(C|S)=60\%$，

我们就会发现 80% 的邮件是垃圾邮件: $p(S) = 80\%$。 对 1
万封邮件来说，我们可以用以下图表来展示各种可能性:

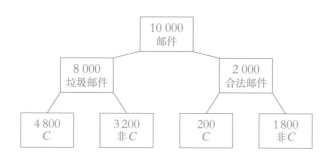

一封邮件所含词语的列表为 C，而它不是垃圾邮件的概率
等于 200（词语列表为 C 的合法邮件的数量）除以 5000（词
语列表为 C 的邮件数量），即 4%。 那么它是垃圾邮件的概率
就等于 96%。

贝叶斯定理的证明只不过是对这一图表方法的一般性推论
而已。 技术上来说，写作 $p(S|C) = [p(C|S) \cdot p(S)]/p(C)$
（仍然是 $0.6 \times 0.8/0.5 = 0.96$），但只需照以上图表的形式使用
即可。

根据初始计算完成的方式不同，使用贝叶斯过滤器的算法
的效率也不一而足。 如果计算时我们只用到涉及药物或色情
的垃圾邮件，过滤器就会放过非要给你一百万欧元的"朋友"
或宣称你刚刚继承某个不认识的舅舅的遗产的"公证人"。 不过，眼下我们使用的软件的基本原理已经说清楚了。

▼ 搜索引擎

　　另一个看似需要用到人类智力却交付给机器的任务，就是为网页排序。要想明白搜索引擎是如何工作的，最好的做法就是把网络想象成一个巨大的图，上面的一个个节点就是网页。当一个网页指向另一个网页时，也就是说我们能点击一下鼠标进入后者，那么两个节点能连起来。这个图无比广阔，因为它汇聚了数以亿计的网页。在此，我只考虑由搜索引擎提供的网页，即使网络包含一些看不见的部分（见下文引文文字）。

冰山理论的网络版

　　网络上能被搜索引擎索引到的部分就好比冰山漂浮在海面上的可见部分。这并不表示无法被找到的部分（或深网）就是我们所说的"暗网"，即非法交易和异见人士活跃的网络，其中也包括寻求保密的公司用于内部交流的网络。此类网络由一级域名卖家提供（网址里的最后一部分，在法国是 fr），比如Open-Root。这些卖家向任何一台联网计算机出让可到达的域名，也向其他计算机出让不可到达的域名，即在 DNS（域名系统）上无法搜索到的域名。多亏了这个方法，企业才能获得多重保护，哪怕只是为了阻止直接的商业间谍活动。

可通过搜索引擎索引的网页里大部分（90%）都互相关联，有的是单向的，有的是双向的。其他网页构成一些断开的成分，只互相指向彼此，并不会引起普通网民的兴趣。如果我们排除这些断开的成分，互联网就是由一个中心巨核构成，包含 27% 的网页。其特点是可以通过几下点击互相到达。在它们周围，可以看到指向核心或由核心指向的网页（可以离开，也可以到达），加上两个从核心出发无法到达的分支，但从分支出发可以到达核心。在本地层面上，我们能认出一些特殊的结构，比如都指向同一个或同一些网页的网页组，反之则不然。这些结构代表粉丝组，我们能用这样的方法找到。

搜索引擎利用它所引用的网络图来给出涉及某个给定主题的网页，根据相关程度来排序。这种排序取决于网民自己，是他们决定打开那些网页，而忽略其他网页。根据指向它的网页数量，每个网页都有一个分数，它把这个分数分配给那些它指向的网页。为了清楚说明，可以想象一下涉及给定主题、但局限于 4 个网页 A、B、C、D 的那部分网络：

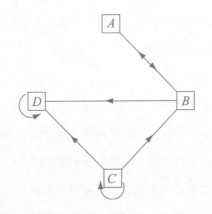

要想确定每个网页的分数，我们首先给每个网页分配同一个分数，假设为 25%。随后，我们来考虑网页之间的互相影响。网页 B 指向两个网页 A 和 D，它将自己分数的一半分给它们。同样，它收到网页 A 的分数，和网页 C 的分数的三分之一。这些各异的公式被多次应用：

网页	分数 1	分数 2	分数 3	分数 4	分数 5	分数 6
A	25 %	12.5 %	16.66 %	7.63 %	8.79 %	3.97 %
B	25 %	33.33 %	15.27 %	17.59 %	7.94 %	8.90 %
C	25 %	3.83 %	2.77 %	0.92 %	0.31 %	0.10 %
D	25 %	45.83 %	65.27 %	73.84 %	82.94 %	87.02 %

不用多长时间该系统就会稳定下来。网页的排序结果为：D、B、A、C。搜索引擎就是这样工作的，只不过它不是针

对四个网页，而是数以千计的网页。这个过程是马尔可夫链，我们在讲到概率时曾提到过它；我们做的计算是矩阵计算。其原理是循环的，算法也是。这些计算耗时耗力，无法手动进行，但是其原理相当简单。如果你有一个网站，你希望它能被所有人看到，这个原理就告诉你不用为此付钱，只要让大家都知道就行了！有些网站指向它，机器就开动起来了。

马尔可夫链与贝叶斯定理之间的关联，揭示了目前人工智能搜索所依据的原理。人工智能的厉害之处在于它学习这些系统的能力，因为其参数可以不断进步。然而，虽然说机器在一些非常专业的任务上能追平甚至超过人类，如为网页排序、下象棋或有朝一日驾驶汽车，但最微妙的还是让它们具备通识，即某种意义上的常识。

接下来我们会进入科幻小说的疆域。要想变得聪明，机器需要拥有我们的优点和缺点吗？需要具备情感、道德标准、感到快乐和恐惧吗？如何让机器的价值与人类的价值保持一致？我们能在机器里植入科幻小说家艾萨克·阿西莫夫（Isaac Asimov，1920—1992）的机器人学三法则吗？

机器人学三法则

法则一：机器人不得伤害人类个体，或者目睹人类个体将遭受危险而袖手不管；

法则二：机器人必须服从人给予它的命令，当该命令与法则一冲突时例外；

法则三：机器人在不违反法则一、二的情况下要尽可能保护自己的生存。

我们都能感受到在机器里确定和植入这类法则是多么艰难。阿西莫夫的世界不会那么快来临。在人工智能这方面，我们无疑还有很长的路要走。

结 语

　　在数学世界里徜徉了一圈后，我希望能向你证明，数学是一门活生生的学科，而不是像太多人以为的那样死气沉沉。从史前时代到古代，数学在各种文明中萌芽，随后逐渐趋向统一。如果说我们能在过去辨认出不止一种数学文化，而如今却不再可能。数学的总体结构是放之四海而皆准的，似乎如同其定理一样永恒不灭。

　　然而，数学家并不仅仅是定理的证明者，他还是一个提问的人。他创造或选择一个理论的公理，使其符合某种现实。数学家的职业在变化着……随着数学的风景变得越来越稠密繁茂，数学家的角色也包括为不同的领域拉近距离，以及为遥不可及的世界之间架起桥梁。

数学的结构也发生了改变。一开始，它在几何和算术之间大展拳脚，代数、分析、概率、统计、拓扑学、算法等等。最后，划分也在横向上进行，几何如今变成代数几何、微分几何、算法几何，更不用说还有分析几何、投影几何、欧几里得几何、双曲几何或椭圆几何等等。

数学的世界里也有一些领域，任何人都不敢说自己在其中游刃有余。庞加莱似乎是最后一个全能高手。背后的原因恐怕是，直到18世纪，数学都是区区几个天才爱好者的专属领地，而在19世纪后变得职业化，到了20世纪更是全面产业化。每年被证明的新定理数量以十万计！这种扩张伴随着数学家数量的大幅增加，从1900年的一百来个增长到如今的10万名。

数学无处不在，虽然要觉察到这点需要一定的文化储备。数学吸引人的地方却常常在别处，在于它的内在美感，数学已经成为一种艺术。很难向古希腊的维奥蒂亚人解释清楚数学有什么用处，或者多么美。而本书的目的就在于此，我衷心希望自己已经做到了。

致谢

　　写作本书对我来说是一次冒险，在本书完成之际，我想感谢我的老师，是他们让我爱上了数学。我要感谢的老师有很多，在此我只列出当之无愧的第一位：戈蒂耶先生，我上四年级时的老师，他让我发现了代数之美，他无疑觉得当时其他学生都在完成的作业对我来说太简单。我也要感谢我的朋友们，他们与我在数学上的讨论令我受益颇深，为这本书大大增添了丰富性。同样，我也只列出一个名字，我永远的朋友，克劳德·索塞，很遗憾他今年去世了。当然，还要感谢《正切》的编辑委员会的全体成员，以及数学文化和游戏沙龙的全体工作人员，沙龙每年五月底在巴黎的圣叙尔皮斯广场举办。我感谢我的艺术家朋友帕特里斯·吉纳、若斯·莱斯、让·贡斯当和热雷米·布吕内，他们慷慨地给我提供了自己创作作品的图片。 最后，我特别要感谢我的编辑克里斯蒂安·库尼永和塞德里克·维拉尼，他们的评论既鼓励了我，又让我更宽广地拥抱了数学，直到今天。

参考书目

此份参考书目以一些概括介绍数学学科的参考书目开头,后续按章节和主题排序。

一般参考书目

让·博代,《新简明数学史》,维贝尔出版社,2002.

尼古拉·巴尔布基,《数学史一览》,马松出版社,1984.

伊丽莎白·布瑟(主编)《数学史(古代—公元 1000 年)》,《正切》第 30 期特别版,极地出版社,2007.

霍华德·伊夫斯,《数学史入门》,第五版,桑德斯系列,1981.

埃尔韦·莱宁(主编),《数学史一千年》,《正切》第 10 期特别版,极地出版社,2005

哈罗德·爱德华兹与埃托雷·皮库蒂,《古代到 21 世纪的数学家》,"为了科学",2010.

IREM,《谜题的故事,数学家的历史》,埃利普斯出版社,1993.

关于历史上著名的数学家:

贝尔特朗·奥舍科尔纳与丹尼尔·苏拉托,《数学家 A–Z》,埃利普斯出版社,2008.

法国国家科学研究中心:www.images.math.cnrs.fr

正如互联网上经常发生的那样,这两个网站经常在更新,所以有必要为每个主题分别进行搜索。

史前时期与古代(第 1–2 章)

托比亚斯·丹齐格,《数——科学的语言》,帕约出版社,1931.

乔治·伊弗拉,《数字通史》,西格斯出版社,1981.

安德烈·韦伊,《某些婚姻法类型中的代数研究》;克劳德·列维-斯特劳斯,《亲属关系的基本结构》,法国大学出版社,1949. 还能在埃尔韦·莱宁的论文《土著——一种数学文化》里看到,收入于《数学与地理》,《正切》第 40 期特别版,极地出版社,2011.

安德烈·韦伊,《科学论文》,第一卷,斯普林格出版社,1979.

魔法与数学(第 3 章)

克劳德-加斯帕尔·巴歇·德·梅齐里亚克,《既有趣又令人惬意的数学问题》,第三版,戈蒂耶-维拉尔出版社,1874. 该作品在法国国家图书馆线上图书馆可以找到。

雅克·布特鲁,《幻方、拉丁方和欧拉方》,选择出版社,1991.

阿尔诺·凡·登·埃森,《幻方:从〈洛书〉到数独——一个五千岁的谜题如何征服世界》,贝林出版社,2013;2016年再版.

关于完全数的一种幽默(而中肯)的观点:马可·许岑贝格尔,《完全数滑稽剧》《数:昨日与今日的秘密》,《正切》第33期特别版,极地出版社,2008.

测量与地图学(第4-5章)

德尼·盖杰,《贝蕾妮斯的头发》,瑟伊出版社,2003.

德尼·盖杰,《子午线》,西格斯出版社,1987. 这两部著作是面向大众的小说.

吉尔·科恩(主编),《数学与地理》,《正切》第40期特别版,极地出版社,2011.

让·勒福尔,《地图冒险记》,"为了科学",2004.

毕达哥拉斯定理(第6章)

让-路易·布拉昂,《几何学家与几何测量学历史》,博密埃出版社,2011.

欧几里得,《几何原本》,双语版,乔治·卡亚斯翻译,法国国家科学研究中心出版社出版,1978.

埃米尔·弗雷,《几何趣谈》,

第四版,维贝尔出版社,1938.

质数(第7章)

让-保罗·德拉艾,《美妙的质数:在算术里的旅行》,"为了科学",2000.

保罗·霍夫曼,《埃尔德什:我的眼里只有数字》,贝林出版社,2000.

"互联网梅森质数大搜索"项目网址:www.mersenne.org.

阿波斯托洛斯·佐克西亚季斯,《佩特罗舅舅与哥德巴赫猜想》,克里斯蒂安·布尔古瓦出版社,2000;瑟伊出版社,2002.后一部作品是面向大众的小说。

计算法(第8章)

菲利普·多伊西,《数字之根:从起源到今日的数字计算史》,埃利普斯出版社,2006.

埃利普斯出版社集体创作,《对数史》,埃利普斯出版社,2006.

让-吕克·夏贝尔(主编),《对数史:从石子到芯片》,新版,贝林出版社,2010.

喜欢幽默的读者,可以读读以下关于巴贝奇的虚构作品:西德尼·帕杜阿,《洛夫莱斯与巴贝奇的伟大冒险——第一台计算机的真实故事》,万神殿图书出版社,2015.

参考书目

数学里的不可能（第 9–11 章）

伯努瓦·里托，《2 的奇妙命运》，博密埃出版社，2006.

吉尔·科恩（主编），《不可能的数学》，《正切》第 49 期特别版，极地出版社，2013.

让-保罗·德拉艾，《令人惊奇的数字》，"为了科学"，1997. 让-保罗·德拉艾，《数学与神秘》，"为了科学"，2016.

伊夫·赫勒古阿奇，《费马-怀尔斯数学初探》，杜诺出版社，2001. 后一部作品需要读者具备数学硕士水平.

夏尔·塞费，《零：一种危险念头的传记》，JC Lattès 出版社，2002.

代数方程（第 12 章）

埃尔韦·莱宁（主编），《代数方程》，《正切》第 22 期特别版，极地出版社，2005.

法比奥·托斯卡诺，《秘方——令文艺复兴时期意大利疯狂的数学决斗》，贝林出版社，2011.

微积分（第 13 章）

莱布尼茨的微积分

纪尧姆·德·洛斯皮塔尔，《对曲线智慧的无穷小分析》，1969 年版重印，ACL 出版社，1988.

柯西的微积分

奥古斯丁-路易·柯西，《微积分》，1825 年版的重印，ACL 出版社，1987.

罗宾逊的非标准分析

吉尔·科恩（主编），《积分学》，《正切》第 50 期特别版，极地出版社，2014.

安德烈·德勒迪克，《非标准分析》，见弗朗西斯·卡西罗（主编）《无限：有限、离散与连续》，《正切》第 13 期特别版，极地出版社，2006.

函数（第 14–15 章）

欧拉指数函数

雅克·布莱尔与瓦莱丽·亨利，《函数概念流变》，菱形五出版社，2009.

吉尔·科恩（主编），《函数》，《正切》第 56 期特别版，极地出版社，2016.

莱昂纳德·欧拉，《微积分分析入门》，J.B. 拉贝翻译，1796 年版的重印，ACL 出版社，1987.

几何（第 16 章）

菲利克斯·克莱恩，《爱尔兰根纲领》，由让·迪厄-多内作序，戈蒂耶-维拉尔出版社，1974.

亨利·庞加莱，《科学与假设》，弗拉马里翁出版社，1902；由埃蒂安·吉斯作序，"田野"出版社，2017.

埃尔韦·莱宁（主编），《变形：从几何到艺术》，《正切》第 35 期特别版，极地出版社，2009.

结构（第 17 章）

诺尔贝尔·维迪埃，《高卢人——被诅咒的数学家》，"为了科学"，2011.

亚历山大·格罗滕迪克，《收获与播种》，格罗滕迪克的这部作品并未出版，但我们可以在网上找到 PDF 版本。

亨利·庞加莱，《科学与方法》，弗拉马里翁出版社，1908. 该著作可在法国国家图书馆网站上找到。

大卫·乔伊纳，《群论历险：魔方、梅林机器与其他数学玩具》，约翰·霍普金斯大学出版社，2008. 该著作要求读者具备数学本科水平。

信息学（第 18 章）

乔治·戴森，《图灵大教堂：数字宇宙的起源》，万神殿图书出版社，2012. 该著作介绍了第一台计算机埃尼阿克的诞生，其创造团队由冯·诺依曼带领，而非标题中所说的图灵。

勒内·莫罗，《信息学的诞生》，杜诺出版社，1981.

随机、混沌与分形
（第 19–20 章）

米歇尔·奥丁，《论数学大奖》，斯普林格出版社，2009.

吉尔·科恩（主编），《随机与概率》，《正切》第 17 期特别版，极地出版社，2004.

伯努瓦·曼德尔布罗，《自然的分形几何》，弗里曼出版社，1983.

伯努瓦·曼德尔布罗，《分形与混沌》，斯普林格出版社，2004.

伯努瓦·里托，《随机与概率》，博密埃出版社，2002.

Π 小数点后的数字（第 21 章）

让－保罗·德拉艾，《令人惊奇的 π》，"为了科学"，2001.

鲍里斯·古雷维奇的网站：www.pi314.net. 该网站包含大量参考书目与其他网站的链接。

千禧年大奖难题（第 22 章）

乔治·斯皮罗，《庞加莱猜想》，JC Lattès 出版社，2007. 该书为一部面向普通读者的小说

让－保罗·德拉艾，《信息极限与数学的复杂性》，"为了科学"，2006.

谜题（第 23 章）

网址：www.recreomath.qc.ca. 该网站包含大部分阿尔昆谜题（/art_alcuin.htm）

马丁·加德纳，《萨姆·劳埃德的数学谜题》，多佛出版社 1959.

马丁·加德纳，《萨姆·劳埃

参考书目

德的数学谜题（补编）》，多佛出版社，2011. 马丁·加德纳的谜题可在以下网站中找到：www.martin-gardner.org 还可找到参考文献及他的大量著作。

亨利·杜德尼，《坎特伯雷谜题》，企鹅出版社，2017.

爱德华·卢卡斯，《数学游戏》，两卷，阿尔贝尔·布朗夏出版社，1992. 最后一部作品可在法国国家图书馆网站上查询到。

数学哲学与数学基础
（第 24-29 章）

米歇尔·阿尔蒂格，《数学中犯的错》，《正切》第 7 期教育版，2009 年 1 月.

加斯东·巴什拉，《新科学精神》，PUF 出版社，2013.

阿兰·巴迪欧与吉尔·阿埃利，《数学颂》，弗拉马里翁出版社，2015；"田野"出版社，2017

斯黛拉·巴如克，《船长的岁月：从错误到数学》，瑟伊出版社，1985.

让-保罗·德拉艾，《证明：从梦想到现实》，"为了科学" 402，2011 年 4 月.

拉扎尔·乔治·维迪阿尼，《巴拿赫-塔斯基悖论》，《科学与信息》第 11 期，2001 年 2 月. 巴拿赫与塔斯基使用选择公理的结论在此文中有详细证明。

戈弗雷·哈代，《数学家颂》，贝林出版社，1999

道格拉斯·霍夫施塔特，《哥德尔、埃舍尔、巴赫：永恒花环的细枝》，杜诺出版社，1985.

丹尼尔·贾斯汀斯（主编），《数学，从审美到伦理》，《正切》第 51 期特别版，极地出版社，2014.

雷蒙·斯穆里安，《哥德尔的不完备定理》，杜诺出版社，2000.

物理中的数学（第 30-31 章）

让·东布尔，让-贝尔纳尔·罗贝尔，《傅里叶，数学物理学的创始人》，贝林出版社，1998.

让-米歇尔·吉达戈利亚，《用于压缩图象的小波》，《研究》第 349 期，2002.

理查德·汉明，《不可理喻的数学效率》，《美国数学月刊》，第 87 卷，第 2 期，1980 年 2 月。可在网络上找到这篇论文。

艾萨克·牛顿，《自然哲学的数学原理》，由埃米莉·杜·查斯特莱翻译，阿莱克西·克莱罗评论，两卷，阿尔贝尔·布朗夏出版社，1966

建筑与艺术（第 32-33 章）

吉尔·科恩（主编），《数学与建筑》，《正切》第 60 期特别版，极地出版社，2017.

加斯帕·蒙日，《描述几何》，

博杜安出版社

后一部著作可在法国国家图书馆网站上找到。

吉尔·科恩（主编），《数学与实用艺术》，《正切》第 23 期特别版，极地出版社，2005.

热雷米·布吕内，《分形艺术：在想象的边缘》，极地出版社，2014.

吉尔·科恩（主编），《数学与音乐》，《正切》第 11 期特别版，极地出版社，2005.

丹尼尔·贾斯汀斯，《蒙日的独轮手推车》，《正切》增刊，第 70-77 期，2013.

生态学、人口学与医学 （第 33-35 章）

伯努瓦·里托，《指数恐惧》，PUF 出版社，2015.

吉尔·科恩（主编），《数学与医学》，《正切》第 58 期特别版，极地出版社，2016.

丹尼尔·贾斯汀斯，《保险中的数学》，《正切》第 57 期特别版，极地出版社，2016.

社会（第 36-40 章）

阴影协会，《疯狂的数字》，发现出版社，1999.

米歇尔·巴林斯基，《未完成的全民选举》，贝林出版社，2004.

西尔维·夸诺，《人工智能：威胁》，《研究》 第 498 期，2015 年 4 月

让－保罗·德拉艾，《令人惊讶的本福特定律》，"为了科学"第 351 期，2007 年 1 月.

拉法埃尔·杜阿迪（主编），《数学与金融》，《正切》第 32 期特别版，极地出版社，2008.

埃尔韦·莱宁，《密码的世界：从古代到互联网》，伊科赛尔出版社，2012

莱拉·施奈普斯与克拉莉·科尔梅斯，《法庭中的数学：当计算错误造成司法错误》，瑟伊出版社，2015.

词语表

阿贝尔奖 Abel, prix

阿贝尔（尼尔斯·）Abel (Niels)

土著 Aborigènes

抽象 Abstraction

抽象 Abstrait

归谬推理 Absurde, raisonnement

现实里的无限 Actuel, infini actuel

阿德曼（伦纳德·）Adleman (Leonard)

面积 Aire

巴塔尼 Al Battânî (Abu)

花拉子米 Al Khawârizmî

肯迪 Al Kindî

瓦法（·阿布）Al-Wafa（Abu）

阿尔伯蒂（莱昂·巴蒂斯塔·）Alberti (Léon Battista)

阿尔昆 Alcuin

随机 Aléatoire

达朗贝尔 d'Alembert

亚历山大（让娜·）Alexandre (Jeanne)

代数 Algèbre

代数的 Algébrique

算法 Algorithme

角 Angle

安提基特拉机器 Anticythère, machine

佩尔格的阿波罗尼奥斯 Apollonius de Perge

应用数学 Appliquées, mathématiques

阿拉伯 Arabe

弧 Arc

阿基米德法 Archimède, méthode d'

阿利斯塔克 Aristarque

亚里士多德 Aristote

算术的 Arithmétique

测量 Arpentage

停止问题 Arrêt, problème de l'

艺术 Art

阿西莫夫（艾萨克·）Asimov (Isaac)

论断 Assertion

结合律 Associative, associativité

非人寿保险 Assurance non-vie (IARD)

人寿保险 Assurance vie

天文学 Astronomie

希波的奥古斯丁 Augustin d'Hippone

自我指涉 Autoréférence

公理 Axiome

巴贝奇（查尔斯·）Babbage (Charles)

巴比伦 Babylone, babylonien

巴迪欧（阿兰·）Badiou (Alain)

巴拿赫（斯特凡·）Banach (Stefan)

重心 Barycentre

底 Base

吸引域 Bassin d'attraction

贝叶斯（托马斯·）Bayes (Thomas)

本福特定律 Benford, loi de

伯特兰（约瑟夫·）Bertrand (Joseph)

婆什伽罗二世 Bhaskara

带偏差的 Biaisé

大数据 Big Data

比特 Bit

布莱克（费希尔·）Black (Fischer)

邦贝利（拉斐尔·）Bombelli (Raphaël)

博内地图 Bonne, carte de

博雷利（文森特·）Borrelli (Vincent)

算珠 Boulier

布尔巴基（尼古拉·）Bourbaki (Nicolas)

布拉赫（第谷·）Brahé (Tycho)

婆罗摩笈多 Brahmagupta

梵塔 Bramah, tours de

布吕内（热雷米·）Brunet (Jérémie)

布丰（乔治-路易·勒克莱尔·德·）Buffon (Georges-Louis Leclerc de)

石块 Cailloux

计算 Calcul

微分 Calcul différentiel

微积分 Calcul infinitésimal

可计算的 Calculable

康托尔（格奥尔格·）Cantor (Georg)

卡尔达诺（吉罗拉莫·）Cardano（Girolamo）

卡诺（拉扎尔·）Carnot (Lazare)

卡牌 Carte

等角投影地图 Carte conforme

等积投影地图 Carte équivalente

卡西尼（雅克·）Cassini (Jacques)

柯西（奥古斯丁-路易·）Cauchy (Augustin-Louis)

卡瓦列里 Cavalieri (Bonaventura)

凯莱（阿瑟·）Cayley (Arthur)

重心 Centre de gravité

圆 Cercle

切瓦（乔瓦尼·）Ceva (Giovanni)

悬链线 Chaînette

钱珀瑙恩（戴维·）Champernowne (David)

混沌 Chaos

夏特莱（吉勒·）Châtelet (Gilles)

数 Chiffre

加密 Chiffrement

媒体数据 Chiffres des médias

中国，中国的 Chine, chinois

选择公理 Choix (axiome du)

《周髀算经》Chou Pei

西塞罗 Cicéron

无矛盾性 Consistance

克莱罗（亚历克西斯·）Clairaut (Alexis)

世
间
万
数

狄利克雷（约翰·）Dirichlet (Johann)

圆顶 Dôme

直线 Droite

杜德尼（亨利·）Dudeney (Henry)

立方倍积 Duplication

丢勒（阿尔布雷特·）Dürer (Albrecht)

动态系统 Dynamique (système)

埃博拉 Ebola

埃及，埃及的 Égypte, égyptien

艾伦伯格（萨缪尔·）Eilenberg (Samuel)

爱因斯坦（阿尔伯特·）Einstein (Albert)

艾森豪威尔（德怀特·）Eisenhower (Dwight)

选举 Élection

椭圆形 Ellipse

埃尼阿克电脑 Eniac, ordinateur

恩尼格玛密码机 Énigme

集合 Ensemble

整数 Entier (nombre)

代数方程 Équation algébrique

偏微分方程 Équation aux dérivées partielles

微分方程 Équation différentielle

动态平衡 Équilibre dynamique

静态平衡 Équilibre statique

埃拉托斯特尼 Ératosthène

埃尔德什（保罗·）Erdös (Paul)

误差 Erreur

埃舍尔 Escher (M.C.)

预期 Espérance

预期寿命 Espérance de vie

审美 Esthétique

伦理 Éthique

欧几里得，欧几里得派 Euclide, euclidien

欧多克斯 Eudoxe de Cnide

莱昂哈德·欧拉；欧拉数 Euler (Leonhard), eulérien

指数 Exponentielle

表达式 Expression

引申规则 Extension

破产 Faillite

法尔廷斯（格尔德·）Faltings (Gerd)

费多罗夫（叶夫格拉夫·）Fedorov (Evgraf)

女人 Femme

费马（皮埃尔·德·）Fermat (Pierre de)

费拉里（卢多维科·）Ferrari (Ludovico)

斐波那契（莱昂纳多·）Fibonacci (Leonardo)

菲尔兹奖 Fields, médaille

反垃圾邮件过滤器 Filtre antispam

金融，金融的 Finance, financières

税 Fisc

弗洛里斯（弗兰斯·）Floris (Frans)

流 Fluente

流数 Fluxion

函数 Fonction

逆函数 Fonction réciproque

Z 函数 Fonction zêta

数学基础危机 Fondements, crise des

公式 Formule

欧拉公式 Formule d'Euler

傅里叶（约瑟夫·）Fourier (Joseph)

母线 Génératrice

地心说 Géocentrisme

几何 Géométrie

仿射几何 Géométrie affine

描述几何 Géométrie descriptive

欧几里得几何 Géométrie euclidienne

双曲几何 Géométrie hyperbolique

非欧几何 Géométrie non euclidienne

平面几何 Géométrie plane

投影几何 Géométrie projective

球形几何 Géométrie sphérique

热尔曼（索菲·）Germain (Sophie)

互联网梅森质数大搜索 GIMPS

吉拉尔（阿尔贝特·）Girard (Albert)

滑音 Glissando

哥德尔（库尔特·）Gödel (Kurt)

戈德门特（罗杰·）Godement (Roger)

哥德巴赫猜想 Goldbach, conjecture de

勾股定理 Gougu, théorème de

古尔萨（爱德华·）Goursat (Édouard)

格林（本·）Green (Ben)

引力波 Gravitationnelle, onde

格雷果里（詹姆斯·）Gregory (James)

格罗滕迪克（亚历山大·）Grothendieck (Alexandre)

群 Groupe

战争 Guerre

傅里叶分析 Fourier (analyse de)

分形 Fractale

分数 Fraction

弗伦克尔（亚伯拉罕·）Fraenkel (Abraham)

深川秀俊 Fukagawa (Hidetoshi)

伽利略 Galileo

高尔-彼得斯投影 Gall-Peters, projection

伽罗瓦（埃瓦里斯特·）Galois (Évariste)

加德纳（马丁·）Gardner (Martin)

高斯（卡尔·）Gauss (Carl)

高斯方法 Gauss, méthode de

阿达马（雅克·）Hadamard (Jacques)

网络钓鱼 Hameçonnage (phishing)

汉密尔顿（亚历山大·）Hamilton (Alexander)

汉密尔顿（威廉·）Hamilton (William)

随机 Hasard

哈塞（赫尔穆特·）Hasse

(Helmut)

豪斯多夫（费利克斯·）
Hausdorff (Felix)

高 Hauteur

日心说 Héliocentrisme

埃尔米特（夏尔·）Hermite
(Charles)

希罗多德 Hérodote

亚历山大的希伦 Héron d'
Alexandrie

罗得岛的希罗尼莫斯 Hiéronyme
de Rhodes

希尔伯特（戴维·）Hilbert
(David)

霍夫曼（大卫·）Huffman (David)

惠更斯（克里斯蒂安·）Huygens
(Christian)

亚历山大的希帕提亚 Hypatie
d'Alexandrie

双曲线 Hyperbole

双曲的 Hyperbolique

双曲面 Hyperboloïde

黎曼猜想 Hypothèse de Riemann

虚数 Imaginaire, nombre

想象 Imagination

不可能的 Impossible

税 Impôt

不可证明的 Improuvable

不可公度的 Incommensurable

不完备（定理）Incomplétude

独立 Indépendance

印度 Inde, indien

不可分的 Indivisible

归纳 Induction

无限 Infini, infinité

无穷小 Infinitésimal

庞加莱研究所 Institut Henri-
Poincaré

积分 Intégrale

人工智能 Intelligence artificielle

互联网 Internet

直觉 Intuition

发明 Invention

无理数 Irrationnel (nombre)

伊尚戈骨 Ishango, os

等距 Isométrie

雅各比（查理·）Jacobi (Charles)

吉纳（帕特里斯·）Jeener
(Patrice)

杰弗逊（托马斯·）Jefferson
(Thomas)

琼斯（威廉·）Jones (William)

朱利亚群 Julia (ensemble de)

朱利亚（加斯东·）Julia (Gaston)

双胞胎（质数）Jumeaux
(premiers)

公正 Justice

挂谷宗一 Kakeya (Soichi)

金田康正 Kanada (Yasumasa)

康托罗维奇（列奥尼德·）
Kantorovitch (Leonid)

考林蒂（弗里杰什·）Karinthy
(Frigyes)

肯普（阿尔弗雷德·）Kempe
(Alfred)

开普勒（约翰内斯·）Kepler

(Saunders)

魔法 Magique

马尔萨斯（托马斯·罗伯特·）

Malthus（Thomas Robert）

曼·雷 Man Ray

曼德尔布罗（伯努瓦·）

Mandelbrot（Benoît）

曼哈顿计划 Manhattan (projet)

马尔可夫（安德烈·）

Markov（Andrei）

一次性密码本 Masque jetable

数学家 Mathématicien

数学 Mathématiques

莫佩尔蒂（皮埃尔·德·）

Maupertuis（Pierre de）

中线 Médiane

垂直平分线 Médiatrice

亚历山大的门纳劳斯（Ménélaüs

d'Alexandrie）

墨卡托 Mercator

子午线 Méridien

梅森（马林·）Mersenne（Marin）

美索不达米亚 Mésopotamie

天气预报 Météo

梅耶尔（伊夫·）Meyer (Yves)

中心 Milieu

米尔扎哈尼（玛丽亚姆·）

Mirzakhani (Maryam)

米塔－列夫勒（哥斯塔·）

Mittag-Leffler (Gösta)

模型 Modèle

预测模型 Modèle prédictif

蒙日（加斯帕尔·）Monge

(Gaspard)

蒙特卡洛方法 Monte-Carlo,
méthode de

死亡率表 Mortalité, tables, taux

搜索引擎 Moteur de recherche

蚊子定理 Moustique, théorème du

音乐 Musique

神秘主义 Mystique, mysticisme

纳什 Nash

纳皮尔对数 Népériens, logarithmes

诺伊曼（约翰·冯·）Neumann
(John von)

中间 Neutre

纽曼（马克斯·）Newman (Max)

牛顿（艾萨克·）Newton (Isaac)

吴宝珠 Ngô Bào Châu

杰拉什的尼科马库斯 Nicomaque
de Gérase

诺贝尔奖 Nobel (prix)

诺特（埃米·）Noether (Emmy)

数 Nombre

可作图数 Nombre constructible

黄金分割数 Nombre d'or

非欧 Non euclidien

正规数 Normal (nombre)

NP 完全 NP-complet

数字化 Numérique

小波 Ondelette

奥本海默（罗伯特·）
Oppenheimer (Robert)

奥雷姆（尼克尔·）Oresme (Nicole)

折纸 Origami

奥特雷德（威廉·）Oughtred

词
语
表

（William）

和平主义，和平主义者 Pacifisme,
pacifiste

潘勒卫（保罗·）Painlevé (Paul)

蝴蝶效应 Papillon (effet)

亚历山大的帕普斯 Pappus
d'Alexandrie

抛物线 Parabole

双曲抛物面 Paraboloïde
hyperbolique

悖论 Paradoxe

托斯卡纳悖论 Paradoxe de
Toscane

理发师悖论 Paradoxe du barbier

参数 Paramètre

完全数 Parfait (nombre)

帕斯卡（布莱兹·）Pascal (Blaise)

铺砌 Pavage

非周期性铺砌 Pavage apériodique

佩亚诺（朱塞佩·）Peano
(Giuseppe)

彭罗斯（罗杰·）Penrose (Roger)

佩雷尔曼（格里戈里·）
Perelman (Grigori)

波斯 Persan

透视 Perspective

普林顿（乔治·亚瑟·）
Plimpton (George Arthur)

普鲁塔克 Plutarque

唾手可得 Poignée de main

庞加莱（亨利·）Poincaré (Henri)

泊松（西蒙恩－德尼·）Poisson
（Simeon-Denis）

多边形 Polygone

多项式 Polynôme

桥 Pont

位值制 Position

可能的 Potentiel (infini)

垃圾邮件 Pourriel (spam)

普赞（路易·）Pouzin (Louis)

质数 Premier (nombre)

证明 Preuve

形式化证明 Preuve formelle

Pi（π）

像素 Pixel

柏拉图 Platon

柏拉图派 Platonicien

去九法 Preuve par neuf

原始的 Primitive

概率 Probabilité

等差数列 Progression arithmétique

IP 协议 Protocole IP

伪随机 Pseudo-aléatoire

纯数学 Pures (mathématiques)

毕达哥拉斯，毕达哥拉斯派
Pythagore, pythagoricien

化圆为方 Quadrature

量子（计算机、密码学）
Quantique (ordinateur, cryptographie)

四色定理 Quatre couleurs
(théorème des)

拉巴（拉乌尔·）Raba (Raoul)

平方根 Racine, radical

弧度 Radian

推理 Raisonnement

拉马努金（斯里尼瓦瑟·）

Ramanujan (Srinivasa)

有理数 Rationnel (nombre)

直角三角形 Rectangle, rectangulaire

循环 Récurrence

实数 Réel (nombre)

尺 Règle

计算尺 Règle à calcul

尺规 Règle et compas

阿西莫夫的机器人学三法则 Règles de la robotique d'Asimov

雷耶夫斯基（马里安 ·）Rejewski (Marian)

回响 Résonance

最大余额法 Reste (plus fort)

雷乌特斯瓦德（奥斯卡 ·） Reutersvärd (Oscar)

莱因德数学纸草书 Rhind, papyrus

理查德（朱尔 ·）Richard (Jules)

黎曼（伯恩哈德 ·）Riemann (Bernhard)

里塞（让 - 克劳德 ·）Risset (Jean-Claude)

李维斯特（罗恩 ·）Rivest (Ron)

罗贝瓦尔（吉勒·佩尔索纳·德 ·）Roberval (Gilles Personne de)

鲁滨逊（亚伯拉罕 ·）Robinson (Abraham)

机器人 Robot

罗斯（罗纳德 ·）Ross (Ronald)

魔方 Rubik's Cube

鲁道夫（克里斯托夫 ·）Rudolff (Christoff)

俄罗斯乘法 Russe, multiplication à la

罗素（伯特兰 ·）Russell (Bertrand)

算额 Sangaku

斯科尔斯（迈伦 ·）Scholes (Myron)

比例代表制 Scrutin proportionnel

塞尔伯格（阿特勒 ·）Selberg (Atle)

序列 Série

萨莫尔（阿迪 ·）Shamir (Adi)

香农（克劳德 ·）Shannon (Claude)

谢巴德（罗杰 ·）Shepard (Roger)

舒尔（彼得 ·）Shor (Peter)

舒尔算法 Shor, algorithme de

艾滋病 Sida

信号 Signal

相似性 Similitude

辛普森悖论 Simpson, paradoxe de

正弦 Sinus

太阳 Soleil

和 Somme

民意测验 Sondage

日本算盘 Soroban, boulier japonais

球体 Sphère

阿基米德螺线 Spirale d'Archimède

施蒂费尔（迈克尔 ·）Stifel (Michael)

次级贷款 Subprimes

对称 Symétrique

动态系统 Système dynamique

黏土板 Tablette
正切 Tangente
陶哲轩 Tao (Terence)
14-15 游戏 Taquin, jeu de
塔斯基（阿尔弗雷德·）Tarski (Alfred)
塔尔塔利亚（丰塔纳·）Tartaglia (Fontana)
选票平均数最高获胜 Taux, plus fort
泰勒（理查德·）Taylor (Richard)
切比雪夫（帕夫努季·）Tchebychev (Pafnouti)
泰希米勒（奥斯瓦尔德·）Teichmüller (Oswald)
地球 Terre
AKS 测试 Test AKS
拉宾－米勒检验法 Test de Rabin-Miller
泰勒斯 Thalès
定理 Théorème
托姆（勒内·）Thom (René)
汤姆森（詹姆斯·）Thomson (James)
索普（爱德华·）Thorp (Edward)
排中律 Tiers-exclu
超越 Transcendant
最优化运输问题 Transport optimal
球形三角形 Triangle sphérique
三角形 Triangle, triangulaire
三角测量法 Triangulation

三角法 Trigonométrie
第三根梁 Tripoutre
等三角形 Trisection
图灵（艾伦·）Turing (Alan)
图灵机 Turing, machine de

范·科伊伦（鲁道夫·）Van Ceulen (Ludolph)
瓦萨雷里 Vasarely (Victor)
沃邦（塞巴斯蒂安·勒普雷斯特·德·）Vauban (Sébastien Le Prestr de)
真理 Vérité
空无 Vide
维埃特（弗朗索瓦·）Viète (François)
维基内尔（布莱兹·德·）Vigenère (Blaise de)
维拉尼（塞德里克·）Villani (Cédric)
伏尔泰 Voltaire
沃尔泰拉（维多·)Volterra (Vito)

沃利斯（约翰·）Wallis (John)
旺泽尔（皮埃尔－洛朗·）Wantzel (Pierre-Laurent)
魏尔斯特拉斯（卡尔·）Weierstrass (Karl)
韦伊（安德烈·）Weil (André)
维格纳（尤金·）Wigner (Eugene)
怀尔斯（安德鲁·）Wiles (Andrew)
伍丁（休·）Woodin (Hugh)

余智恒 Yee (Alexander)

埃利亚的芝诺 Zénon d'Élée

策梅洛（恩斯特·）Zermelo (Ernst)

零 Zéro

ζ Zêta